KB154115

다윈에게
직접 듣는
종의 기원
이야기

나무클래식03

다윈에게 직접 듣는 종의 기원 이야기

초판 1쇄 발행 2018년 1월 10일
초판 5쇄 발행 2024년 7월 20일

지은이 박성관 그린이 김고은 | 펴낸이 이수미 | 기획 · 편집 이해선 | 북디자인 달뜸창작실
마케팅 임수진 | 종이 세종페이퍼 | 인쇄 두성피앤엘 | 유통 신영북스

펴낸곳 나무를 심는 사람들
출판신고 2013년 1월 7일 제 2013-000004호 | 주소 서울시 용산구 서빙고로 35. 103-804
전화 02-3141-2233 팩스 02-3141-2257 | 이메일 nasimsabooks@naver.com
블로그 blog.naver.com/nasimsabooks
인스타그램 @nasimsabook

ⓒ 박성관 2018

ISBN 979-11-86361-54-2 44400
ISBN 979-11-950305-7-6(세트)

* 이 책은 『따개비 박사 다윈, 은수를 만나다』라는 제목으로 2015년 5월 20일 출간한 적이 있습니다.

다윈에게 직접 듣는 종의 기원 이야기

글 박성관
그림 김고은

나무를심는사람들

훌륭한 과학자와
당찬 여학생의 만남

고요한 숲 속에 한 청년이 있었습니다. 청년은 오래된 나무의 껍질을 정성스레 벗기고 있었답니다. 그러다가 보기 드문 딱정벌레 두 마리를 발견했어요. 한 손에 한 마리씩 소중하게 집어 들었죠. 그런데 청년 앞에 또 새로운 딱정벌레가 나타났습니다. 놓칠 수 없는 녀석이었어요. 순간 청년은 오른손에 들었던 걸 얼른 입속으로 집어넣었습니다.

크헉! 입속으로 들어간 딱정벌레가 지독한 분비액을 뿜었습니다. 어찌나 독하던지 혀가 타는 듯해서 딱정벌레를 뱉어 냈어요. 그 바람에 손에 들고 있던 녀석과 세 번째 딱정벌레를 모두 놓쳐 버리고 말았습니다.

청년인데, 하는 짓이 너무 유치하다고요? 하지만 어쩔 수가 없었어요. 이 청년은 어릴 때부터 신기한 것만 보면 가슴이 마구 뛰었거든요. 노인이 되어 일생을 마칠 때까지도 줄곧 그랬답니다.

아버지는 부유하고 능력 있는 의사였습니다. 목소리도 우렁차고 몸집도 거대한 분이셨어요. 어머니는 일찍 돌아가셨답니다. 열 살도 되기 전이었지요. 다행히도 누나들이 잘 보살펴 주고 친척들도 많아서 그리 외롭지는 않았습니다.

후에 이 청년은 인생에서 많은 일을 겪게 됩니다. 결혼을 했고, 몸이 병약해서 힘든 일도 자주 있었습니다. 하지만 그는 침착하게, 꾸준히 노력해서 훌륭한 과학자가 되었습니다.

그는 동물들의 색깔은 왜 대부분 녹색이나 갈색인지 궁금했습니다. 식물에는 왜 잎과 꽃받침, 꽃잎 같은 게 있는지 알고 싶었습니다. 왜 이리 많은 생물들이 태어나고 또 죽어 가는지 이상하게 여겼습니다. 슬프고 싫었습니다. 이 모든 것이 알고 싶어서 그는 평생 관찰을 하고 공부를 했습니다.

바로 이 사람이 여러분이 만나게 될 이 책의 주인공입니다.

그리고 한 소녀가 있습니다. 이 책의 또 다른 주인공이에요. 여러분 또래고요, 솔직하고 당찬 여학생이랍니다. 이 명랑한 친구가 요즘은 가끔씩 짜증이 납니다. 별거 아닌 거에도 재밌어하던 친구가요. 왠지 모르게 불안해질 때도 있어요. 무엇보다도 미래에 딱히 되고 싶은 게 없어 고민이에요.

이 소녀는… 아! 마침 저기 오네요. 우선은 이 소녀부터 만나 보시겠어요?

학교가 끝나고 집에 돌아왔다. 조용하고 휑하다. 집에 있어 봐야 엄마, 아빠는 돌아오시려면 아직 멀었다. 직장에서 한창 일하고 계시겠지. 책가방을 놔두고 별 생각 없이 집을 나섰다. 터덜터덜 걷다 보니 동네 도서관 앞. 안을 들여다보니 초딩들하고 더 어린 동생들뿐, 친구들은 하나도 안 보인다. 하긴 다들 학원 갈 시간이니…. 그러는데, 어! 저기 구석에 권도가 있다.

"권도야!"
"은수구나. 어서 와."
권도가 나지막이 말했다.
"뭘 그렇게 열심히 보니?"

"이거 봐 봐. 지구의 속도가 엄청 빨라. 글쎄 태양 주변을 초속 30 킬로미터 속도로 돈다는 거야. 이 속도로 30초 정도면 한반도를 주파하는 거야. 정말 엄청난 속도지. 그런데도 우린 지구의 속도를 전혀 느낄 수 없어, 정말 신기하지 않냐?"

"난 또 뭐라고. 그거야 우리가 지구랑 함께 움직이기 때문이잖아. 비행기 탔을 때도 비행기 속도를 느끼지 못하는 것처럼."

"그야 물론 학교 수업 시간에 이미 들은 내용이지. 하지만 그땐 대충 들어서 이렇게 빠른 속도인 줄은 몰랐었거든. 그리고 있잖아, 이 책을 보니까 우리 지구가 우주선 같은 거래. 우주 공간을 맹렬하게 날아가고 있는 우주선 지구호. 사실 태양이나 다른 별들도 모두 마찬가지라네."

하도 광분하길래 예의상 고개를 끄덕여 주었다. 그랬더니 녀석은 눈치도 없이 아예 거품을 물기 시작했다.

"천문학은 정말 흥분돼. 북극성 있잖아, 그게 지구에서 1,000광년이나 떨어져 있대. 그러니까 우리가 보는 건 북극성의 1,000년 전 모습인 거지."

"그럼 설사 북극성이 없어졌다 해도 우리는 1,000년 뒤에나 그 사실을 알 수 있겠네."

"그렇쉐! 우리 은수 똑똑한데. 그러니까 북극성도 안드로메다 은

하계도 지금은 없을지도 모르는 거지. 정말 대단해. 끝없이 광활한 우주 공간! 그 속에서 엄청난 속도로 질주하는 별들과 행성들! 그 뭐냐, 고독하고 위대한 영웅들 같지 않냐?"

글쎄… 내겐 그게 멋있다기보다는 왠지 외롭고 무의미하게 느껴졌다. 왜 그 빈 공간을 끝없이 가야만 하는 거지? 게다가 지금은 있는지 없는지조차 확실치 않다니…. 하지만 권도는 이미 자기만의 우주에 완전히 빠져 있다. 그러다가 갑자기 딱! 소리를 내며 책을 덮었다.

"오우! 시간이 벌써 이렇게 됐네. 오늘 친구들하고 한판 붙기로 했거든. 며칠 전 새로 나온 우주 전쟁 게임이지, 흐흐흐. 넌 여기 더 있을 거지?"

녀석은 대답할 짬도 주지 않고 지구보다 빠른 속도로 사라져 버린다. 다시 혼자가 되었다.

기분도 꿀꿀한데 뭐 재밌는 책, 신나는 책 없을까? 요즘 딱히 이유도 없이 불안하고 또 어떨 때는 뭔가에 마구 열중하고 싶기도 하다. 하루에도 몇 번씩 기분이 이랬다저랬다 한다. 다른 학교 다니는 친구들은 학교 끝나기 무섭게 학원들을 몇 개씩이나 다니던데…. 걔들이 안돼 보이기도 했다가, 나만 안 다니는 게 비정상인가 싶기도 하다. 학교를 바꿔야 하나? 그러면 내가 뭘 하고 싶은지 확실해질까? 아, 모르겠다. 다른 애들은 이런 문제를 어떻게 해결하지? 이럴 때

근사한 멘토라도 한 명 있으면 좋을 텐데….

그렇게 생각에 잠겨 어슬렁거리는데 인물 전기들이 꽂혀 있는 서가가 눈에 들어왔다. 그래, 잘난 어른들은 어떻게 해서 훌륭한 인물들이 되었는지, 그거나 알아볼까? 어디 보자. 이 책은 읽었고, 이 사람은 별로일 거 같고… 하며 이 책 저 책 뒤지던 중, 한 권의 책이 내 눈길을 사로잡았다. 표지에는 옛날 배가 멋지게 그려져 있고 제목은 찰스 다윈이었다. 뒤표지를 보니 어렸을 땐 장난꾸러기에 거짓말 선수였다고 쓰여 있다. 재밌네! 그치만 어렸을 때 안 그런 애도 있나? 어? 이건 또 뭐야, 젊은 시절에 배를 타고 5년 동안 전 세계를 돌아다니셨다? 그리고 그 경험을 바탕으로 마침내 50세에 세상을 깜짝 놀라게 한 『종의 기원』을 썼다?

아으, 정말 부럽다. 5년씩이나 근사한 배를 타고 해외여행을! 게다가 그때의 경험을 살려 책을 썼더니 그게 또 대박이었다고? 부럽다, 부러워. 나도 그렇게 살 수 있다면 얼마나 좋을까? 그런 생각을 하며 책을 넘겨보았다. 그러다가 뭔가 좀 이상하다는 생각이 들기 시작했다. 다윈은 어떻게 5년 동안이나 해외여행을 할 수 있었지? 엄청난 부자였나? 아니면 카리스마 넘치는 애꾸눈 선장? 그리고 이것도 이상해. 특별히 과학을 공부한 생물학자도 아니었다는데, 어떻게 진화론에 관한 책을 썼지? 그것도 세상을 완전히 뒤바꾼 책을 썼다니, 이건 좀 이상하잖아?

다윈이 어떤 사람이었는지, 어떤 인생을 살았는지 급! 궁금해졌다. 아무래도 집에 가서 찬찬히 읽어 봐야겠어. 마침 다음 주 금요일, '나의 멘토'라는 발표 수업도 있잖아. 아직 주제도 못 잡고 헤매던 중이었는데, 잘하면 다윈 얘길 거기에 써먹을 수도 있겠어. 눈에 살짝 힘을 주고 도서관 사서 선생님한테 다가갔다.

"이 책 빌려주세요."

저녁을 대충 해치우고는 방으로 와서 책을 펼쳤다. 기대보다는 별로였다. 5년 동안 배 타고 여행한 거 말고는 다른 위인들하고 별 차이도 없었다. 열심히 관찰하고 연구해서 책을 쓰고, 훌륭한 과학자로 인정을 받고, 그 뒤 더욱 열심히 연구하고…. 부럽긴 한데, 나 같은 아이한테는 뭐랄까, 좀 멀게 느껴졌다. 지루해 보이기도 했고. 평생 연구하고, 그래서 책을 내면 매번 성공하고, 그래서 또 연구하고…. 아, 서서히, 서서히 눈이 감긴다.

1장

수척한 쪼잔탱이
회계사

저의 멘토가 되어 주실래요?

처음 보는 낯선 곳이었다. 작고 호젓한 시골 마을. 주변을 둘러보니 저 멀리에 할아버지가 한 분 앉아 계셨다. 검은 외투로 온몸을 두르고 모자를 깊숙이 쓰고 있는 할아버지였다. 그나마 보이는 얼굴도 굵은 눈썹과 무성한 수염으로 온통 뒤덮여 있었다. 엄숙하고 심각하고 조금은 슬픈 노인. 어디선가 본 얼굴 같았다. 누구더라? 분명히 아는 사람인데…. 아! 맞다. 다윈, 찰스 다윈이다. 사진으로 봤던 모습하고 많이 닮았네.

**

🧒 할아버지, 안녕하세요. 다윈 할아버지 맞으시죠?

👴 그래 맞다. 한데 누구냐? 이 동네에서 못 보던 아인데…. 옷차림도 특이하고.

🧒 네, 전 아주 먼 나라에서 왔어요. 한국이라고 혹시 아세요?

👴 글쎄다, 들어 본 것 같기도 하고. 흠, 잘 기억이 안 나네. 미안하구나.

🧒 미안하긴요. 전 저 멀리 중국 대륙과 일본이라는 섬나라 사이에

있는 한국이라는 나라에서 왔어요. 김은수라고 합니다(꾸벅).

그럼 아시아에서 온 소녀로구나. 얼굴색을 보고 짐작은 했다만. 네 머리 색깔이 하도 찬란해서….

푸힛! 엄말 졸라 염색 좀 해 봤죠. 암튼 이렇게 뵙게 되어 짱! 반갑습니다. 실은 제가 다음 주에 '나의 멘토'라는 발표 수업이 있는데, 할아버지를 제 멘토로 할까 싶었거든요. 그랬는데 이렇게 직접 뵙게 되다니, 정말 좋아요.

허허허, 뭘 내가 멘토씩이나….

듣던 대로 겸손하시네요. 암튼 해 주실 거죠?

그러자꾸나.

근데 한 가지는 꼭 약속해 주셨으면 해요.

뭘 말이냐?

우리 서로 솔직하기로 해요. 전 어른들이 솔직하지 못한 게 맘에 안 들거든요.

하하하, 참 귀엽고도 맹랑한 소녀로구나. 그래, 나도 그 맘에 안 드는 어른이다마는 노력은 해 보마.

돈 걱정 없는 인생

🧑 할아버지 만나면 제일 먼저 여쭤 보고 싶은 게 있었어요.

👴 뭐냐? 너도 혹시 정말 인간이 하등 동물에서 진화한 거냐고 물을 참이냐?

🧑 아뇨, 그것보다도 할아버진 평생 연구만 하셨잖아요?

👴 거의 그랬지.

🧑 그래서 위대한 이론도 만드시고 과학책도 여러 권 쓰셨잖아요?

👴 뭐 그러긴 했다만.

🧑 한데요 그게 어떻게 가능했나요?

👴 어떻게 가능했냐니?

🧑 어떻게 평생 돈은 신경도 안 쓰고 좋아하는 연구만 계속하실 수 있었냐고요?

👴 하하하, 난 또 뭐라고. 잠시 긴장했잖니. 만나자마자 진화가 어떻고 창조가 어떻고 따지는 줄 알았잖아. 내가 평생 연구만 할 수 있었던 건, 우리 집이 좀 부자였으니까 그랬지.

🧑 네, 부자셨다는 얘긴 읽었어요. 대체 돈이 얼마나 많으셨으면 그렇게….

👴 글쎄 뭐 정확히는 나도 몰라. 나이가 들었을 때 우리 아들이 계

산해 보니 내 재산이 한 280억 원 정도라고는 하더라만….

꺅! 2… 2… 280억 원이라고요?

좀 많지? 실은 280억 원도 넘는다고 한 걸 좀 줄여서 말한 건데….

줄잡아도 280억 원? 할아버지! 설마 방금 한 약속을 벌써 까먹으신 건 아니겠죠?

약속을 까먹다니?

서로 솔직하기로 했던 그….

떼끼 이 녀석. 내가 거짓말할 게 따로 있지.

앗! 죄송해요.

허허허, 어지간히 놀랐나 보구나. 그렇지만 그게 다 현금으로 갖고 있었던 건 아니고, 땅이나 빌려준 돈까지 포함해서….

결국 마찬가지지 뭐예요. 정말 부러워요. 저도 그렇게 어마어마한 부자라면 할아버지처럼 평생 하고 싶은 일만 하면서 살 텐데, 흑!

하고 싶은 일이 뭔데?

제가 하고 싶은 일요? 그, 글쎄요. 아니, 그보다도요, 어떻게 해서 그렇게 부자가 될 수 있었나요?

일단 우리 아버지가 의사였는데, 내게 유산을 꽤 물려주셨어.

🧑 아버님께서 굉장한 부자셨나 봐요.

👹 좀 부자셨지. 우리 마을의 4분의 3이 아버지 땅이었으니까. 돌아 가셨을 때 유산으로 220억 원 정도를 남겨 주셨지.

🧑 그게 좀 부자예요? 슈퍼 재벌이지.

👹 꼭 그렇지만도 않단다. 우리 처남만 해도 재산이 150억 원은 거 뜬히 넘었고, 또….

🧑 으아! 가문 전체가 다 재벌이었네요. 처남이 그럴 정도였다면 처 가 쪽도 엄청 부자였나 봐요.

👹 그럼! 우리 집 못지않게 부자였지. 아내의 할아버지가 남긴 유산 이 500억 원도 넘었으니까. 웨지우드 도자기를 만든 집안이거든. 아마 너희 집에도 웨지우드에서 만든 그릇들이 있을지 모르겠 다.

🧑 그럼 할아버진 뭐 하나 남부럽지 않게, 초호화판으로 생활하셨 겠어요.

👹 돈 걱정해 본 적은 없지. 하지만 나도 나름 절약이 몸에 밴 생활 을 했어. 얘, 게다가 내가 베스트셀러를 쓴 과학자 아니었니? 책 으로도 돈 꽤나 벌었다고.

🧑 얼마나 버셨는데요?

👹 스무 권쯤 써서 한 10억 원 정도….

🙍 오우, 장난 아니네요. 더군다나 할아버지 책이 무슨 소설이나 만화책도 아니고.

👴 과학책치곤 좀 팔린 편이지. 고맙구나, 인정해 줘서.

🙍 그렇긴 하지만, 할아버지의 전 재산에 비하면 새 발의 피네요. 할아버지, 그러지 말고 엄청난 부자가 된 진짜 비결 좀 알려 주세요.

👴 사실은… 이런저런 투자도 좀 했어.

🙍 할아버지가 투자를요?

👴 그럼, 신탁 기금들도 꽤 있었는데, 거기서 나오는 이자 수익을 또 다른 곳에 재투자하기도 했지. 아버지에게서 물려받은 농장은 빌려주고 임대료를 받았어. 정부에서 발행하는 채권과 주식들도 사들였지. 그러느라고 해외 동향과 수출입 기업의 실적을 부지런히 파악했어. 철도 회사, 조선소 등의 주식에서 배당금도 쏠쏠하게 챙겼지. 은… 은수야, 너 표정이 왜 그러나?

🙍 상상이 잘 안 돼요. 전 할아버지가 자연과 생명만을 사랑하신 분이라고 생각했거든요.

👴 하하하, 더 실망스러운 얘길 해 줄까? 난 우리 마을의 회계를 오랫동안 담당했단다. 사실 내가 가진 최고의 능력은 장부를 기록하며 회계를 잘 꾸려 가는 것이었어. 우리 아들한테도 제대로 가

르쳐 줬지. 그래서 큰아들은 나중에 어엿한 은행가가 되었단다.

그런 일을 정말 좋아하셨나 봐요. 돈 계산하는 얘기 나오니까 아주 팔팔하게 살아나신 거 같아요. 할아버진 완전 쪼잔탱이!

쪼잔탱이라고? 무슨 소리! 검소하고 꼼꼼한 거지.

암튼 재밌네요. 히힛! 진화론의 아버지가 실은 회계사였다니!

회계사라고? 하하하.

말씀을 듣고 보니 제가 할 수 있는 건 별로 없네요. 투자도 뭐가 있어야 할 테니까요. 게다가 저희 부모님은 할아버지의 부모님처럼 부자가 아니거든요.

🐢 너무 실망하지 마라. 돈이 인생의 전부는 아니니까….

👧 할아버지도 별수 없네요. 결국은 공자님 같은 말씀!

🐢 공자님이라니?

👧 공자님요? 아, 그게 누구냐 하면 음… 아무튼 그런 사람이 있어요.

🐢 그건 그렇고, 내가 대답을 해 줬으니 너도 내 질문에 대답을 해주렴.

👧 뭘요?

🐢 돈이 엄청 많으면 평생 하고 싶은 일만 하면서 살고 싶다며? 그하고 싶은 일이 뭐냐고 물었잖니?

👧 아, 그거요. 글쎄요, 뭐 아직 딱히 있는 건 아니고요, 돈이 많으면 하고 싶은 일은 뭐든지 할 수 있잖아요.

🐢 돈만 많다고 그럴 수 있는 건 아니지. 물론 돈도 중요하긴 하지만.

👧 암튼 만일 저한테 돈이 많다면 우선 세계 여행부터 실컷 할 거예요. 할아버지처럼 신나는 해외여행을 마구 하고 싶어요.

🐢 신나는 해외여행이라… 어휴, 그때 생각을 하면 지금도….

👧 왜 그러세요?

얼마나 고생을 했는지, 평생 할 고생을 그때 다한 거 같아.

무슨 고생을 그렇게 하셨길래….

별로 크지도 않은 선실에서 쭈그리고 자는 것부터가 그랬어.

그러셨겠어요. 할아버지처럼 키가 큰 분은 더 했겠죠.

게다가 그 지긋지긋한 뱃멀미는 기억하기조차 싫어.

2장

비글호 항해:
바다에서 산다는 것

평범한 진실과 근사한 거짓말

허걱! 뱃멀미라고…. 하긴 배를 탔으니 뱃멀미가 나는 건 당연하지. 몇 년 동안 해외여행을 하셨다길래 부러워만 했지, 뱃멀미 같은 건 생각지도 못했는데. 그 옛날, 지금으로부터 150년도 더 이전에 삐걱거리는 배를 타고 전 세계를 항해했으니. 에구, 내 배 속까지 울렁거리는 거 같네.

**

🙍 하하하, 고생이 이만저만 아니셨나 봐요. 저도 좀 피곤하면 차멀미를 하는 편이라 충분히 상상이 가요.

👴 차멀미라니?

🙍 네? 차멀미를 모르세요?(아하! 다윈 할아버지는 차멀미를 알 수가 없겠구나). 네, 그거 별거 아니고요, 뱃멀미랑 비슷한 거예요.

👴 그래? 아무튼 그뿐이었으면 내 말도 안 한다. 영국에선 경험해 보지도 못한 일들이 하루에도 몇 건씩 터지더라고. 정말이지 정신을 차릴 수가 없더라니까. 무시무시한 문신투성이의 원주민들이나 거대한 동물들한테 습격을 당해 목숨을 빼앗긴 동료들도

있었어.

으아! 무서워요.

배에서 낚시하다가 바다로 떨어져 죽질 않나, 심지어는 바다 생활을 견디다 못해 도중에 사라져 버린 선원들도 있었지.

얼마나 힘들었으면….

그런 생활을 무려 5년이나 했단다. 원래는 2년 정도 걸릴 예정이었는데, 그게 어찌어찌하다 보니 두 배도 더 늘어난 거야.

집에도 못 가고 5년 동안이나 외국에서!

그것도 많은 시간을 배 위에서 보냈잖니? 5년째가 되니까 바다 자체가 싫어지더구나. 배 그림자만 봐도 짜증이 났어.

어우, 알았어요. 얼마나 고생을 하셨는지 더 안 들어도 알겠어요. 할아버지, 그렇지만 꼭 힘든 일만 있었던 건 아닐 거 아니에요?

내가 좀 엄살을 피웠나? 허허, 그래, 멋있는 일도 참 많았지. 남십자성도 보고, 마젤란 성운하고 남반구의 여러 별자리들, 퍼붓는 비, 바다에 빙벽처럼 우뚝 서 있는 푸른 빙하, 산호초를 만드는 산호들의 섬, 활화산 등등 아름답고 신기한 것들을 많이도 보았단다.

와, 정말 근사했겠네요. 하긴 그런 일도 있었으니까 5년 동안을

견디실 수 있었겠죠.

🐚 한없이 행복해 보이는 타히티 인들도 만났고, 우리 유럽인들이 휩쓸고 간 뒤에 남겨진 원주민들의 시체와 폐허도 목격했지. 난 그때의 경험들을 평생 간직했단다.

👧 그런 여행을 하시다가 갈라파고스 섬들에서 진화론을 확신하시 게 된 거군요.

🐚 갈라파고스 섬들에서?

👧 그래요. 거기서 거북이랑 핀치새 같은 동물들을 보셨잖아요?

🐚 봤지.

👧 개들을 보고 생물들이 창조된 게 아니라 진화된 거라고 믿게 되신 거잖아요?

🐚 어? 그건 사실과 좀 다른데….

👧 무슨 말씀이세요? 책에 다 쓰여 있던데…. 단지 세상 사람들이 너무 놀랄까 봐 발표를 25년 동안이나 미루셨다면서요.

🐚 허허, 당사자인 내가 아니라는데….

👧 어? 그럼 책에 왜 그렇게 쓰여 있었을까요? 책에는 갈라파고스 에 서식하던 핀치새들 사진까지 실려 있었어요. 정말 부리 모양 이 다르더라고요. 그게 서로 환경이 다른 섬에서 오래 살다 보니 결국 다른 종으로 진화된 것이라면서요. 먹이도 다르고 온도나

습도도 달랐을 테니까요. 거북이들도 섬마다 모양이 달랐다면서요?

으, 그런 책에 뭐라고 쓰여 있는지는 모르겠다만, 이젠 은수도 슬슬 눈치챌 나이가 되지 않았니? 인물 전기라는 게 좀 과장이 심하다는걸.

으, 역시 그랬던 건가요?

하하하, 그래. 나도 어릴 때 위인전깨나 읽었다만 어른이 되어 알고 보니 그게 문제가 많더라고. 평범한 진실보다는 근사한 거짓이 더 많이 들어 있지. 거북이 얘기만 해도 그래. 첨엔 걔들이 섬마다 다른 줄도 몰랐어. 그래서 어느 섬 거북인지 따지지 않고 잡아들였지. 동료들과 구워 먹고 남은 몇 마리만 영국으로 데려왔다니까. 핀치새도 마찬가지였지. 그 새들이 섬마다 다르다는 건 귀국해서 조류학자한테 듣고서야 알았어. 그전에는 꿈에도 생각 못했지.

그랬단 말예요?

내가 왜 그랬냐 하면 갈라파고스 섬들이 서로 아주 가까웠기 때문이야. 눈으로도 건너다보일 정도였으니까. 당연히 자연환경도 거의 차이가 없었지. 그러니 서식하는 생물들도 다 비슷할 거라고 생각했고.

🐢 제가 책에서 읽었던 거랑은 상황이 전혀 다르네요.

🐛 그래, 내가 이상했던 건 환경이 그렇게 비슷한데도 섬마다 고유
한 종들이 있다는 거였어. 핀치새랑 거북이까지 그런진 몰랐지
만 말이야. 자연환경도 비슷하고 거리도 그렇게 가까운데, 왜 어
떤 종은 한 섬에서만 살고 다른 섬에는 없는 걸까? 난 이게 정말
이상했던 거야.

🐢 오호!

🐒 나중엔 정반대의 경우도 보았지. 환경은 꽤나 다른데 살고 있는 생물들은 아주 비슷한 경우 말이야.

👧 거참 신기하네요.

🐒 비글호 타고 다닐 때는 조금 이상하네 정도였어. 하지만 영국에 돌아와서 더 깊이 생각할수록 너무 이상하더라고. 만일 하느님께서 생물들을 각자 환경에 맞게 창조하셨다면 이럴 수는 없는 거야. 내 평생의 연구는 바로 그런 이상한 느낌에서 시작된 거란다. 한마디로 난 비글호 시절에 어떤 답을 얻은 게 아니야. 거대한 질문을 품게 되었던 거지.

👧 아하! 그렇게 된 거였군요. 잘 믿어지진 않지만.

🐒 어허, 당사자인 내가 그렇다는데.

👧 앗! 그… 그렇죠. 아, 아쉽다. 내가 책에서 읽었던 게 더 멋있었는데….

🐒 때로는 진실보다 꾸며 낸 허구가 더 근사한 법이지.

식물 같은 벌레와 놀라운 먼지

🐒 사실 나는 비글호 항해 중에는 진화론을 믿는 사람이 전혀 아니

었어. 오죽하면 비글호 동료들이 나를 목사님이라고 불렀겠니?

🧒 목사님요? 하하하.

🧑 그랬던 내가 훗날 무시무시한 진화론의 괴수가 되다니… 인생은 참 알 수 없구나.

🧒 그랬었군요. 근데요, 비글호 항해 시절이 아니면 대체 언제 진화론을 확신하신 건가요? 그리고 비글호 타고 다니실 때는 그럼 뭘 하신 거예요? 그리고 또….

🧑 어이쿠, 은수야, 하나씩 차근차근 얘기해 보자. 뭔 애가 말이 이렇게 빠르냐?

🧒 앗, 죄송! 뜻밖의 진실을 듣고 나니 제가 급! 흥분을.

🧑 비글호 항해가 날 크게 변화시킨 건 분명한 사실이야. 하지만 진화론자가 된 건 그보다 나중의 일이란다. 영국에 돌아와서 비글호 경험을 회상해 보고 또 새로운 동식물들을 연구하다가 진화론으로 기울게 되었지. 아마 스물여덟 살 무렵이었을 거야.

🧒 그럼 비글호 타고 다니실 때는….

🧑 아주 놀라운 세상을 보았지. 내가 영국에서 생각했던 것과는 모든 것이 무척 달랐어. 난 한마디로 우물 안 개구리였던 거지.

🧒 어떻게 달랐길래요?

🧑 무엇보다도 우선 식충류를 보았지.

🧑 식충류요?

👤 그래, 식충류! 어느 날 바닷가 모랫바닥에서 발견했어. 썰물 때였는데, 저쪽에 그루터기 같은 게 하나 보이더구나. 그리고 그 위에 작은 나뭇가지들 수백 개가 뻗어 있더라고. 좀 특이하게 생겼길래 한번 잡아볼까 하며 손을 뻗었어. 그랬더니 그 가지가 땅 속으로 쑥! 들어가 버렸어.

🧑 으헉!

👤 생긴 건 분명 식물이었지만 사실은 동물이었던 거야. 그걸 어찌어찌 뽑아내 보니 뿌리 부분이 거대한 벌레더라고.

🧑 세상에 별 동물이 다 있네요.

👤 그리고 그 가지들은 촉수였어. 나중에는 촉수가 수천 개 있는 경우도 보았지. 물속에서 어린 가지처럼 하늘거리고 있었어. 멋있었겠지?

🧑 전 좀 으스스한데요.

👤 그런가? 그 수백 개의 촉수는 저마다 몸이 따로 있었어. 입도 각자 있었고. 그런데 자극을 주면 일제히 움직이더라고. 마치 한 마리처럼.

🧑 우와!

👤 세상에 뭐 저런 게 있나 싶었지. 어찌 보면 식물이고 또 어찌 보

면 동물이라니! 뭐, 그러니까 이름도 식물같이 생긴 벌레, 식충류라고 붙였겠지만 말이야.

🧑 식충류, 정말 신기한 거 같아요.

👤 그렇게 신기하냐? 그럼 놀라운 먼지 얘기도 해 주랴?

🧑 놀라운 먼지요?

👤 대기가 미세 먼지로 뿌옇게 흐려 있던 어느 날이었어. 비글호 돛대 끝에 달린 풍향계의 거즈로 공기 중의 먼지를 모아 봤거든. 그랬는데 세상에 그 안에….

🧑 그 안에?

👤 온갖 동식물들이 다 들어 있었던 거야.

🧑 먼지 속에요?

👤 그래, 먼지 다섯 봉지에서 최소 67종의 생물체를 발견했어. 심지어 작은 암석 조각들까지 있었지. 식물의 씨앗들, 물방울처럼 생긴 벌레들, 암석 조각들이 전부 먼지를 타고 함께 비행하고 있었던 거야.

🧑 먼지가 그냥 먼지가 아니었네요.

냄새도 색깔도 소리도 다른 세계

🧑 그건 시작에 불과했어. 비글호 여행의 압권은 무엇보다도 남아 메리카였지. 거기에 어찌나 광대한 자연이 펼쳐져 있던지! 너 혹시 열대 우림에 들어가 본 적 있니?

👧 전혀요. 책에서나 봤죠.

🧑 그 울창한 숲 속으로 들어가면 말이야, 그늘진 숲 사이로 풍경의 색깔이 쉴 새 없이 바뀌어. 숨 막힐 정도로 아름다운 풍경들이 끝없이 이어지는 거야. 내 가슴을 세차게 방망이질 쳤던 그 놀라운 기쁨! 열대 지방에 가 보지 못한 사람은 짐작도 할 수 없을 거야.

👧 아우! 부러워요. 질투 나요. 한데 거기 징그러운 벌레나 무서운 동물 같은 건 혹시 없었나요?

🧑 왜 없었겠니? 그런 얘기까지 다 하려면 3박 4일도 부족하지.

👧 하긴 없었을 리가 없죠.

🧑 그래도 난 광활한 자연이 마냥 좋더라. 열대 야생 식물들의 대향 연도 좋았고 파타고니아의 거대한 사막도 좋았어. 티에라델푸에고의 숲으로 뒤덮인 산은 평생 잊지 못했지. 열대 지방의 엄청난 생명력은 또 어떻고! 너무나 엄청나서 입이 다물어지지 않더구

나. 그곳의 풀은 한참 베어 내고 돌아서면 아까보다 더 크게 자라 있을 정도였어. 또 다른 곳에선 생물이란 생물은 죄다 죽어서 거대한 시체의 늪을 이루고 있었지.

🙍 전 그런 건 영화나 다큐멘터리에서만 봤는데 직접 보셨으니 정말 대단했겠어요.

👴 영화? 다큐… 뭐라고? 그게 다 뭐냐?

🙍 아차! 아예 그 말 자체를 모르시겠네요. 그게 뭐냐면 음… 움직이는 사진 같은 거예요.

👴 사진이 움직인다고?

🙍 아차! 또 실수를. 사진을 모르시겠군요.

👴 얘! 왜 이러니? 나도 사진은 알아. 사진 모델도 몇 번 섰는데… 나 너무 무시하지 마라.

🙍 맞다, 할아버지 사진도 본 적 있으면서 제가 잠깐 깜박했네요. 맞아요, 사진은 당연히 아시겠네요. 할아버지, 좀 상상하시기 힘들겠지만, 나중에 영화라는 게 발명돼요. 사진을 여러 장 찍어서, 아니 무지하게 많이 찍어서 그걸 빨리 돌려요. 그러면….

👴 그러면?

🙍 우리가 눈으로 보는 거랑 똑같은 동영상이 돼요. 사람들이나 자동차가 움직이는 걸 볼 수 있는 거죠.

🧙 자동차라니?

👧 아이고, 이거 안 되겠어요. 그냥 그런 게 있다고 치고요.

🧙 끙, 미래에는 별별 게 다 발명되나 보구나. 과학과 기술은 엄청
난 속도로 발전하니까 그럴 수도 있겠지.

👧 네, 어쨌거나 그 엄청난 것들을 직접 보면 정말 실감났겠다, 그
런 말씀이었어요.

🧙 실감 정도가 아니었지. 내가 박물관 진열장이나 곤충 도감에서
본 건 진짜가 아니었어. 열대 지방에 살고 있는 나비나 진기한
매미들은 말이지, 일단 색깔이 어마어마하게 화려해. 게다가 엄
청 시끄러워. 그러다가 또 한낮에는 얼마나 나른하게, 얼마나 우
아하게 비행하던지. 아, 그 불타오르던 열대의 한낮!

👧 정말 그랬겠네요. 사진에는 곤충들의 냄새나 소리 같은 게 다 빠
져 있으니까요.

🧙 그래, 그게 바로 자연의 소리, 자연의 냄샌데 말이야. 우리 영국
의 자연은 온통 녹색, 녹색뿐이었어. 한데 지구 곳곳에는 상상도
못했던 아름다운 빛깔들이 참으로 많더라고. 극도로 추한 생물
들도 심하게 많았지만 말이다. 난 화산암을 밟으며 이름 모를 새
들의 울음소리를 들었어. 신기한 꽃들 주변에서 날갯짓하던 낯
선 곤충들! 개들을 구경하면서 홀린 듯이 헤매 다녔지. 그런 풍

경을 보지 못했던 지난날은 맹인의 삶하고 다를 바가 없었던 거야. 거기서 난 처음으로 진정한 자연에 눈을 떴지. 혼란스럽고도 황홀한 낙원이었어.

격동하는 지구에 처음 눈을 뜬 날

🧑‍🦰 맹인이 생전 처음 눈을 뜬 날처럼요?

👨 맞아.

🧑‍🦰 영국에서 보던 산이나 공원과는 하늘과 땅 차이였겠네요.

👨 그래, 자연은 균형이나 조화, 안정 뭐 그런 것과는 아주 거리가 멀었어. 방탕할 정도로 종류도 너무 많고, 죽음과 탄생이 격렬하게 들끓는 화산 같은 것이었어.

🧑‍🦰 화산요?

👨 그래, 이건 그냥 비유가 아니야. 말로만 듣던 화산 폭발을 직접 봤으니까. 정말로 엄청난 폭발이었어. 지축이 마구 흔들렸지.

🧑‍🦰 와, 어디서 보셨어요?

👨 남아메리카 남쪽의 칠로에라는 곳이었어. 거대한 붉은 섬광 한 가운데서 시뻘건 용암 덩어리들이 마구 터져 나왔어. 커다란 검

은 덩어리들이 한껏 치솟았다가 추락하더구나. 그리고 며칠 뒤 최악의 지진이 발생했어. 마을이 70여 곳이나 파괴되었고, 그 폐허 위를 거대한 해일이 덮쳐 버렸어.

🙍 사람도 많이 죽었겠어요.

🧑 그렇다마다. 단단한 대지? 안전한 도시? 그런 거 다 착각에 불과해. 대지는 들끓는 마그마 위에 떠다니는 종이배 같은 거야. 화산이 폭발하고 지진이 일어나는 광경을 본 사람이라면 내 말에 동감할 거다.

🙍 맞아요. 태풍이나 쓰나미가 닥치면 우리가 살던 곳은 장난감처럼 망가져 버려요.

🧑 난 전 세계를 돌아다니며 땅속에서 치고 올라온 대륙도 보았고, 심연으로 꺼져 버린 흔적도 보았어. 지질학에서 융기와 침강이라고 하는 현상인데, 너도 들어 봤을 거야. 남아메리카의 안데스산맥도 자세히 관찰해 보니 최근에 상승한 것 같더라고.

🧑‍🦰 히말라야 산맥도 인도가 아시아에 충돌해서 솟구친 거라고 하던데요.

👨 우왓! 그랬단 말이야?

🧑‍🦰 아! 모르셨군요. 그럼 하나 더 말씀드릴까요? 지구가 막 생겨나던 초기에 거대한 암석 덩어리들하고 마구 충돌했었거든요. 그 충격으로 지구에서 떨어져 나간 게 달이래요.

👨 뭐야! 달이 우리 지구에서 떨어져 나간 조각이라고?

🧑‍🦰 아, 100% 확실한 건지는 모르겠고요, 많은 천문학자들이 그렇게 믿고 있대요. 아 참! 이런 충돌설을 처음 주장한 사람이 바로 할아버지 아들인 조지 다윈이에요.

👨 이야, 내 둘째 아들놈이! 우리 집안 경사 났네, 경사 났어. 허허허! 역시 내 아들답구나. 하긴 그럴 법도 하다. 진화하는 게 지구의 생물뿐일 리가 없지. 밤하늘의 태양이나 달도 모두 다 진화의 결과로 생겨났을 거야. 난 그거까진 몰랐다만, 비글호 타고 다니면서 땅바닥이 솟아오른 거라든가 아예 꺼져 버린 흔적들을 도처에서 발견했어. 칠레 저 위쪽에는 산 중턱에 글쎄 바닷조개, 굴, 반쯤 화석화된 상어 이빨 같은 게 있더라니까. 70미터 고도의 산 중턱에 어떻게 그런 게 있을 수 있겠니? 바닷물 속에 잠겨 있던 땅바닥이 위로 밀고 올라온 게 아니라면 말이야.

🧑 산 중턱에 옛날 바다가!

🧒 그러니까 지구는 영원히 변치 않는 게 아니야. 마치 살아 있는 생물 같은 거야. 급작스레 솟아올랐다가 곤두박질치고, 때로는 지진과 화산 폭발로 거대한 분노를 터뜨리는 괴물 같은….

🧑 전혀 새로운 지구의 모습에 눈을 뜨신 거네요.

그래! 그게 얼마나 장쾌한 기분이던지… 아까도 말했다만, 내가 비글호 항해 기간 중에 진화론자가 되었다는 이야기는 사실이 아니야. 하지만 내 생각이 크게 뒤집어진 것만은 사실이지. 지구는 안정되고 균형 잡힌 세계가 아니었어. 어떤 격렬한 사건도 발생할 수 있는 불덩어리였던 거야. 바로 그게 진정한 자연의 모습이었어.

그럼 화산 폭발이나 거대한 지진도 지구로서는 자연스러운 일이네요.

그래! 사람들은 흔히 자연이라고 하면 부드럽고 평화롭게만 생각해. 어미 새들이 새끼들의 쩍 벌린 입속으로 벌레를 주는 걸 보며 마냥 흐뭇해하지. 그렇지만 그 먹이는 누구겠니? 그 벌레도 누군가의 소중한 새끼가 아니겠어?

그것도 그러네요.

난 5년간 비글호를 타고 파도치는 바다와 여러 대륙을 돌아다녔어. 마치 꿈속을 헤매듯이 말이야. 그러면서 알게 되었지, 영국에서 나는 줄곧 얌전한 자연밖에 몰랐었다는 사실을. 그걸 깨닫고 나자 새로운 세계가 내 앞에 눈부시게 펼쳐졌어. 그리고 난 이제 정말 광대한 꿈을 꾸게 되었어. 지구 전체를 사랑하고 연구하는 박물학자가 되겠다는 열렬한 꿈을….

3장

서른다섯에
유서를 쓰다

청년 다윈의 '비밀 노트'

이야기를 듣다 보니 할아버지 인상이 전혀 딴판으로 변해 있었다. 수척한 노인이나 돈에 혈안이 된 투자가의 모습은 어디론가 사라져 버렸다. 내 앞에는 장대한 꿈을 품은 당당한 청년이 앉아 있었다. 그런데 박물학자가 될 꿈을 꾸었다고? 박물학자라는 게 뭐지?

🧑 할아버지, 근데 박물학이란 게 뭐예요?

👴 어, 그건 음… 동물, 식물, 광물 등 자연계의 모든 걸 연구하는 학문이야. 그래서 자연사(自然史)라고도 하지.

🧑 우와! 그 모든 걸 다 어떻게 연구해요?

👴 껄껄껄, 내가 스케일이 좀 크잖니? 내 의문을 제대로 풀기 위해선 최대한 많은 동물과 식물들을 연구해야 할 것 같았어. 지구의 지질학도 빼놓을 수 없었지. 그래서 닥치는 대로 자료들을 수집하고 공부를 시작했어. 그런데 문제가 발생했어.

🧑 문제가요?

👴 당시에는 일반인들만이 아니라 과학자들도 대부분 창조론을 믿

었거든. 물론 진화론을 믿는 사람들도 간혹 있었지. 하지만 많은 사람들이 그건 아주 나쁜 사상이라고 생각했어. 나처럼 품위 있는 계층에선 더욱 그랬고. 그런데 내가 보기에는 어떤 건 창조론이 맞는 거 같고, 어떤 건 진화론이 맞는 거 같았어. 그러다 보니 주변 사람들하고 편하게 대화하기가 점점 껄끄럽더라고. 그때부터였어, 남 몰래 노트를 작성하기 시작한 것이.

🧑 비밀 노트?

👴 그래, 처음에는 가볍게 시작했는데, 그게 몇 년 동안이나 이어졌단다. 다 합쳐서 대여섯 권이 될 때까지 말이야. 그러면서 점점 더 진화론을 확신하게 되었지. 사람들은 까맣게 몰랐어, 내가 무시무시한 진화론자로 변신했다는걸.

🧑 와, 스릴 있어요. 찰스 다윈에게 비밀 노트가 있었다!

👴 난 거기에 사람들 눈치 보느라 말하지 못했던 것들을 적어 나갔어. 예를 들자면, 다양한 생물 종들이 사실은 하나의 혈통에서 뻗어 나온 후손들이 아닐까 생각해 보기도 했지. 나무의 줄기와 가지 형태로 그림도 그려 보고 하면서.

🧑 그랬군요.

👴 자, 이제 너도 얘기해 주렴.

🧑 뭘요?

🧓 오랫동안 꽁꽁 숨겨 온 나의 비밀을 고백했으니, 너도 비밀 하나 정도는 털어놔야지.

👧 헤헤, 그럴까요? 그런데 제 얘길 들으시고 넘 이상하게 생각하시면 안 돼요. 아셨죠?

🧓 하하하, 그건 내 약속하마.

👧 전 말이죠, 거리에 달리고 있는 자동차를 보면요….

🧓 자동차? 아하! 아까 얘기했던 그 자동차 말이지?

👧 네, 그 자동차가요. 길에 아주 많이 달리거든요. 엄청난 속도로요. 전 그 달리는 자동차가 동물들로 보여요. 아니, 그냥 보이는 게 아니라… 할아버지 쉿! 사실은 우리가 보는 자동차나 기차, 배 같은 거요. 그거 사실은 동물들이에요.

🧓 기차나 배가 모두 동물들이라고?

👧 네, 저한테 윙크하는 자동차도 있어요. 그러면 그 자동차들하고 대화를 나누기도 하죠. 할아버지, 이건 진짜 아무한테도 말하면 안 돼요. 정말 비밀이에요.

🧓 하하하하.

👧 세상에 단 하나뿐인 저의 절친한테만 이야기해 줬어요. 다른 사람들이 절 이상한 애로 보면 곤란하니까요. 저희 엄마, 아빠도 물론 모르시죠.

🧑‍🦳 네 절친도 너한테 자기 비밀을 얘기해 줬니?

👧 그럼요.

🧑‍🦳 걔는 또 비밀이 뭐던?

👧 그건 말이죠, 아차! 말하면 안 돼지. 휴, 하마터면 큰일 날 뻔했네. 딴 사람한텐 절대 말하지 않겠다고 해 놓고서….

🧑‍🦳 하하하, 그래그래. 훌륭한 친구로구나, 은수는. 어쨌거나 이렇게 비밀을 공유하고 나니까 우리가 꽤나 친해진 거 같구나. 나이 차이가 아주 많이 나는 친구지만 말이다.

건강 일기를 썼다고?

👧 할아버지, 아까 비밀 노트 얘기를 하다 말았잖아요, 얼른 그다음 얘기 좀 해 주세요.

🧑‍🦳 그래, 진화론을 확신하게 된 얘기까지 했었지. 게다가 난 새로운 종이 어떻게 출현했는지를 마침내 이해하게 되었어.

👧 우와, 굉장히 기쁘셨겠어요.

🧑‍🦳 그렇다마다. 그래서 1842년에, 그러니까 33살 때에 내가 생각해 낸 진화 이론을 글로 정리해 보았어. 한 35페이지쯤 되더라고. 그

게 「종의 이론에 대한 스케치」야. 그리고 두 해 뒤에는 글도 좀 가다듬고 사례도 듬뿍 보완해서 「종의 이론에 대한 논문」을 썼어. 그건 230페이지나 되었지. 다 쓰고 나서 유서도 함께 작성했어.

🧑 유서요?

👹 그래, 내가 그 무렵에 많이 아프기 시작했거든.

🧑 어디가 아프셨는데요?

👹 첨엔 두통이 좀 있거나 소화가 잘 안 되는 정도였어. 그러더니 얼마 안 가서부터 격심한 고통이 시작되었지.

🧑 저런!

👹 그때부터 난 평생 환자가 되었다고 할 수 있어. 내가 시달린 질병들이 얼마나 많았던지… 현기증, 욕지기, 구토, 종기, 불면증, 두통, 습진 등등. 어떤 날은 몇 가지 질병이 한꺼번에 닥치기도 했는데….

🧑 으, 상상만 해도 괴로워요.

👹 안 써 본 약이 없고, 별별 희한한 치료까지 다 받아 봤어. 하지만 대부분 소용없었지. 오죽했으면 마흔 살 때부터 건강 일기를 다 썼겠니?

🧑 건강 일기라뇨?

👹 응, 매일매일 건강 상태가 어떤지를 기록하는 거야.

🧑 세상에, 그런 일기를 썼다는 사람 얘긴 첨 들어 봐요.

💀 뭐 별 건 아니고, 건강 상태를 상, 중, 하 정도로 표시하는 간단한 거였어.

🧑 그래도요, 얼마나 아프고 괴로우셨으면.

💀 암튼 그럴 정도였으니 내가 오래 살 것 같지가 않더라고. 하지만 그냥 죽기에는 내가 만들어 낸 이론이 참 아까웠지. 그래서 내가 죽으면 누군가 내 논문을 잘 정리해서 출판하게 해 달라고 아내에게 유서를 썼어. 아마도 5천만 원 정도가 필요할 텐데, 그걸 내 유산에서 충당하라는 유언과 함께.

🧑 할아버지가 건강이 안 좋으셨다는 건 알았지만, 그 정도였을 줄

은 몰랐어요. 엄청 부자였다고 하시길래 부러워만 했는데….

🧑‍🦲 인생에는 양지가 있으면 음지가 있기 마련이지.

👩 ….

🧑‍🦲 너무 그렇게 불쌍한 눈으로 보진 마라. 네 표정을 보니 내가 너무 엄살을 부렸나 보구나. 사실 좋은 계절이 오면 내 건강도 덩달아 나아졌고, 심심치 않게 컨디션이 좋은 날도 있었단다. 내가 이래 봬도 비글호 해상 모험을 5년씩이나 견뎌 낸 사람 아니냐? 다만 건강이 좋질 않으니 인생 대부분을 이 평화로운 시골에서 조용히 살았다는 거지. 시끄럽고 공기가 안 좋은 도시에선 정말이지 못살겠더라고. 아내는 이런 나를 평생 아이처럼, 환자처럼 보살피고 사랑해 줬지.

👩 결혼을 아주 잘하셨네요.

🧑‍🦲 그래, 내 아내의 정성 어린 보살핌이 없었다면 나는 「종의 이론에 대한 논문」 같은 걸 쓰지 못했을 거야.

👩 한데 할아버지, 왜 그 논문을 곧장 출판하지 않으셨어요? 그렇게 중요한 논문을?

🧑‍🦲 창조론이 틀렸다는 건 확실했지만, 내 진화론도 아직 허술한 데가 많은 상태였거든. 이론을 뒷받침할 사례도 부족했고. 섣불리 발표했더라면 사람들로부터 근거 없는 헛소리란 비난만 당했을

거야.

그랬군요.

하지만 그렇게라도 일단 내 이론을 정리해 놓으니 후련하더구나. 뭔가 특별한 일을 해낸 거 같기도 했고. 그 뒤 한두 해 동안은 책도 몇 권 출간하고, 밀려 있던 일들도 처리했지. 그리고 마지막에 가장 덜 중요해 보이는 일을 시작했어.

그게 뭐였는데요?

바로 따개비 연구였단다.

4장
내 사랑 따개비,
3천 일간의 사랑

따개비가 절지동물이라고?

따개비! 다윈 할아버지가 『종의 기원』을 출간하기 전에 오래도록 연구하셨다는 그 따개비. 그렇게 조그만 녀석이 뭐 그리 연구할 게 많았던 걸까? 그것도 위대한 과학자 다윈 할아버지께서 말이야. 하긴 돈도 많고 시간도 남아돌았을 테니 뭐. 그래도 좀 심한 거 아닌가? 책에 보니까 무려 8년 동안이나 그러고 앉아 있었다던데….

*

🙎 할아버지, 왜 하필이면 따개비를 연구하셨나요? 비글호로 전 세계를 다니셨으니까….

👴 더 폼 나는 표본들이 많았을 텐데, 왜 따개비같이 작고 하찮은 걸 연구했냐 이거지?

🙎 네.

👴 물론 멸종한 거대 동물의 화석들도 있었고, 신기한 조류들도 많이 있었지. 하지만 그런 것들은 저명한 과학자들이 서로 자기가 맡겠다고 하더라고. 그래서 전문가 대여섯 명한테 분야별로 연구를 부탁했지. 그 과학자들이 나보다 해부도 더 잘하고 분류도

더 잘할 거 아니냐? 박물관에 전시도 훨씬 더 잘할 테고. 어차피 표본 자체는 내 이름으로 남는 거니까, 나에게도 좋지. 그래서 중요한 동식물들을 다 분배하고 났더니 결국 우리 집엔….

🙎 따개비만 남게 된 거군요.

👨 그렇지. 그런데 너 혹시 따개비를 본 적 있니?

🙎 그럼요. 바닷가에 가면 흔히 볼 수 있으니까요. 저도 제주도 갔을 때 바위 위에 다닥다닥 붙어 있는 걸 봤어요. 배 밑바닥에도 붙어산다고 하던데요. 아 참! 먹어 본 적도 있어요. 따개비죽이었는데요, 맛도 그렇고 생긴 것도 전복죽하고 비슷하더라고요. 좀 더 고소한 것 같기는 했지만요.

👨 그랬구나. 그렇지만 따개비는 전복하고 아주 다른 애들이야.

🙎 어떻게요?

👨 전복은 연체동물이야, 몸이 유들유들한 연체동물. 홍합, 조개, 달팽이, 굴, 오징어, 대왕오징어, 문어 같은 애들이 연체동물이지.

🙎 따개비도 몸뚱이가 연하던데요, 흐물흐물하고요.

👨 물론 그렇지. 하지만 따개비는 절지동물이란다. 마디가 있는 다리를 12개나 갖고 있거든.

🙎 따개비가 절지동물이라고요?

👨 그래, 정말 놀라운 일이었지. 따개비가 절지동물이라고 하면, 개

미나 거미, 새우, 심지어는 벌하고 같은 종류의 동물이라는 얘기니까. 은수야, 여기 좀 볼래? 따개비랑 새우를 한번 비교해 봐.

따개비

새우

어디… 흠… 할아버지! 이거 보세요. 전혀 다르잖아요. 세상에 어떤 사람이 이 둘을 같은 종류라고 하겠어요.

그래, 전혀 달라 보이지. 사실 당시 최고의 생물학자들도 그렇게 생각했단다. 그럼 이번엔 따개비랑 새우가 유생일 때, 그러니까 아주 어린 생물일 때 모습이 어떤지 한번 비교해 보렴.

따개비 유생

새우 유생

🧑 와, 상당히 비슷하게 생겼네요. 구조도 꽤 닮았어요.

👴 하하하, 그렇지? 정말 그렇지?(으쓱으쓱)

🧑 아하, 이제 알겠어요. 이걸 보고 할아버지는 따개비가 절지동물 이라고 생각하시게 된 거군요.

👴 그래, 더 정확히 말하자면 갑각류지. 새우나 게, 가재 같은 애들 하고 같은 종류인 거야. 놀랍지?

🧑 네, 다리도 정말 여러 개 있네요.

👴 맞아, 단지 자라면서 다리가 완전 쪼그라들고 발만 밖으로 나오 게 된 거야. 그 털 달린 발로 따개비들은 물에서 먹이를 걸러 먹 지.

🧑 털 달린 발요? 히히히.

👴 따개비를 연구하면서 난 깨달았어. 동물을 대할 때 지금의 모습 만 보고 판단해선 안 된다는걸.

🧑 사람도 외모만 보고 판단하면 안 되는 것처럼요?

👴 바로 그거야. 그 생물의 과거, 특히 어릴 때 모습이 아주 중요해.

🧑 어릴 때 모습이?

👴 사실 따개비는 해부학적인 구조나 살아가는 모습을 봐서는 천생 연체동물처럼 보여. 굴, 달팽이, 조개하고 비슷해 보이지. 반대 로 새우나 가재 같은 절지동물하고는 거리가 아주 멀어 보이고.

→ → 따개비와 새우의 어린 시절은 비슷하나,

어른이 되었을 때 크게 다른 건 진화 과정에서 여러 가지 형태로

달라졌기 때문이다. → → →

맞아요. 저도 그렇게 느꼈었고요.

하지만 따개비하고 새우를, 특히 어린 시절의 모습을 비교해 보
면 얘네들이 얼마나 가까운 친척인지를 단박에 알 수 있지. 어른
이 되었을 때 모습이 크게 달라진 건 진화 과정에서….

서로 달라졌다는 말씀?

그래그래, 우리 은수 총명하구나. (짝짝짝!)

쑥스러워요. 할아버지가 거의 다 말씀하신 거잖아요.

그랬나? 암튼 말이다, 놀라운 건 그뿐이 아니었어. 너도 봤겠지
만 따개비들 크기가 어떻던?

아주 작죠.

맞다. 1, 2센티미터밖에 안 되지. 그런데 그렇게 작은 애들이 종
류가 무궁무진하더라고.

세상 모든 따개비를 모으다

🧒 잘 안 믿어지는데요.

👨 나도 해부를 해 보기 전엔 상상도 못했지.

🧒 아니, 그 쪼끄만 애들을 해부하셨다고요? 어떻게요?

👨 그러니 내가 얼마나 고생했겠니? 아주 정성스레, 한없이 섬세하게 해부를 했지. 현미경으로 관찰하면서 말이야. 처음엔 비글호로 채집해 온 따개비들을 해부해 봤는데, 그것만 해도 종류가 아주 많았어. 그러고 나니까 과연 따개비 종류가 이것들뿐일까 싶더라고. 그래서 대영 박물관 쪽을 뚫었어. 거기 보관되어 있는 따개비들을 좀 볼 수 없겠느냐고 부탁을 했지.

🧒 박물관 쪽에서 선뜻 승낙해 주던가요?

👨 그럼. 그게 내가 마흔 살 때쯤이니까 이미 책을 몇 권 내서 좀 유명해지기도 했고, 과학계에 아는 사람들도 꽤 있었거든. 『비글호 항해기』를 냈다는 거야 너도 알 거고, 서른세 살 때, 그러니까 1842년엔 『산호초의 구조와 분포』를 냈어. 1844년엔 『화산섬 지질 연구』, 1846년엔 『남아메리카의 지질 연구』도 출간했어.

🧒 산호초에 화산섬, 거기에 남아메리카의 지질 연구까지… 스케일도 크셔라. 당시에 이미 유명한 과학자셨군요.

🙊 그래, 그랬으니 내가 직접 대영 박물관에 안 가고 우리 집에 보내 달라고 할 수 있었지. 그리고 가능하면 한꺼번에 말고 조금씩 보내 달라고 했어. 한 종을 보존액에 담그고, 세척하고, 자르고, 분류하는 데 적어도 이틀은 걸렸거든.

🙂 박물학자 노릇 하기 정말 힘드네요.

🙊 힘은 들었지만 하다 보니 점점 더 빠져들었어. 나중엔 유럽은 물론 대서양 너머 미국까지, 아니 전 세계로부터 온갖 희한한 따개비들을 모아들였어. 학자고 표본 수집가고 가리지 않고 부탁을 했어. 애원도 하고 한껏 치켜세워 주기도 하면서 전 세계로 편지를 보냈지. 그래서 세상의 거의 모든 따개비들이 궤짝에 실려 우리 집에 도착했어.

👧 집안에 궤짝들이 엄청 많았겠어요.

🙊 그랬지, 원래 길어야 반년이면 끝날 줄 알았던 일이 점점 더 끝을 알 수 없게 되어 갔어.

🙂 그래서 무려 8년 동안이나?

🙊 맞아, 그러니까 여름엔 우리 집 꼴이 어땠겠니? 따개비들이 가득 담긴 궤짝들에선 썩은 물들이 줄줄 흘러나오고 냄새는 또 어찌나 심하던지….

👧 가족들 불만이 장난 아니었겠어요.

🦟 괴롭긴 했겠지만, 그래도 내색하는 아이들은 없었지. 어릴 때부터 따개비가 가득한 집에서 살기도 했고. 심지어 우리 애는 친구 집에 놀러 갔다가 이렇게 묻기도 했단다. "야, 너흰 따개비를 어디에 두길래 이렇게 한 마리도 안 보이니?"

👧 하하하! 지금까지 할아버지한테 들은 얘기 중에 젤로 웃겨요.

🦟 따개비에 대한 내 사랑은 점점 더 뜨거워졌어. 나중에는 따개비 화석들까지 연구했지. 중생대 따개비의 화석을 소장하고 있던 학자에게는 얼마나 심한 아부를 했는지 몰라. 화석 따개비 절단 하는 걸 허락받느라고.

👧 절단요?

🦟 그럼, 그래야 해부를 하지.

👧 화석 따개비까지 절단해서 연구를 하다니 정말 대단하세요. 아니, 그 정도면 병이에요, 병!

🦟 인정한다, 인정해. 첨엔 예전에 쓰던 현미경 갖고 작업을 했지만, 따개비들이 워낙 작아서 도저히 안 되겠더라고. 비싼 새 현미경을 구입했지. 그러자 기적이 일어났어.

👧 기적이?

🦟 거의 날마다 새로운 구조의 따개비들을 발견하게 된 거야. 그것도 하나같이 아름다운 구조들을. 나는 따개비들의 변신 능력에

완전히 매혹되어 버렸지. 보존액으로 쓰던 알코올 냄새가 역겨웠지만 그런 건 문제도 아니었어. 난 무엇에 홀리기라도 한 듯 밤낮으로 절단하고, 해부하고, 관찰하고, 기록했어.

👩 따개비들이 그렇게까지 다양할 수 있다니….

성기만 있는 생물?

👴 처음엔 나도 전혀 몰랐어. 그래서 큰 실수를 할 뻔도 했지.

👩 무슨 실수를요?

👴 초기에 따개비 표본들을 보는데, 껍질에 뭔가가 덕지덕지 붙어 있는 거야. 단순히 무슨 기생 생물인가 보다 했지. 그래서 그걸 깨끗하게 씻어 낸 다음 껍질을 관찰하고 따개비 속을 해부했었어. 그러다가 어느 날, 문득 그 기생 생물들을 관찰하고 싶더라고. 현미경으로 자세히 들여다봤는데 그게 대박이었어. 크기가 1, 2밀리미터밖에 안 되는 그놈이 사실은 따개비 수컷이었던 거야.

👩 뭐라고요? 후덜덜.

👴 그 이후부터는 따개비 표본 보내 주는 사람들한테 단단히 일러

두었지. 표본에 조금도 손대지 말고 그대로 보내라고.

🧑 따개비도 크기가 1, 2센티미터밖에 안 되는데, 그 껍질에 1, 2밀리미터밖에 안 되는 수컷들이 또 붙어살고 있었다니.

👤 그뿐만이 아니었어. 따개비 세상에는 별 희한한 일도 다 있더라. 어떤 암컷들은 먹이를 실컷 먹은 다음에 토해 내더라고 글쎄.

🧑 아니 왜 애써 먹은 걸 토할까요?

👤 실은 토한 게 아니라 배설한 거였어. 걔들은 구멍이 하나밖에 없어서 먹고 배설하는 걸 한 구멍으로 다 하는 거지.

🧑 말미잘인가 하는 생물도 그렇다던데, 아, 드러워.

👤 수컷은 더 이상해. 입도 없고 위장(胃腸)도 없고, 흉곽도 없고, 팔다리도, 배도 없었어.

🧑 뭐라고요? 아니, 그럼 있는 게 뭐예요?

👤 성기뿐이었어.

🧑 네? 설마 절 놀리시는 건 아니죠? 세상에 성기뿐인 생물이 어떻게 있을 수가 있어요?

👤 그래, 우리 생각에는 불가능하지. 말도 안 되고. 그런데 이 자연계에 그런 생물들이 버젓이 살고 있는 거야. 그것도 셀 수 없이 많은 종류가 말이야. 그 성기뿐인 수컷은 암컷의 주머니 속에서 평생을 살다 죽어. 어떤 암컷은 이런 수컷을 열두 마리나 데리고

살더라니까. 이런 희한한 생물들 앞에서 창조론자들은 뭐라 말할까?

🧑 신이 창조하셨다고 하기에는 좀 이상하겠네요. 그렇지만 그 많은 따개비들을 신이 창조하지 않았다고 하는 건 더 이상할 거 같아요.

🐛 난 그때 자연의 다양성은 정말 엄청나다는 걸 절감했어. 누가 창조했는지 안 했는지는 알 수 없다 해도, 이거 한 가지는 분명해. 자연에는 앞으로도 무한한 종류의 생물들이 진화할 거라는 사실 말이야.

🧑 하긴 성기만 있는 생물도 있으니….

따개비와 백리향의 공통점

👴 은수야, 한데 그보다 더 어처구니없는 따개비가 있다면 믿을 수
있겠니?

🧑 그런 건 아예 상상조차 안 되는데요.

👴 난 그 따개비를 봤을 때 기절하는 줄 알았어. 글쎄 수컷 성기가
둘이나 달려 있는 따개비를 본 거야.

🧑 엥? 할아버지, 조금 아까 얘기해 주신 따개비가 더 기괴한 거 아
니에요? 수컷이 열두 마리나 붙어 있는 따개비요.

👴 아, 그건 좀 달라. 원래 따개비들은 대개 다 암수한몸이거든. 그
러니까 암컷 성기와 수컷 성기를 하나씩 갖고 있지. 그런데 지금
말한 따개비는 수컷 성기를 두 개나 갖고 있었단 말이야. 그러니
얼마나 놀라우냐?

🧑 그럼 아까 얘기해 주셨던 따개비는요?

👴 그건 암컷 따개비에 수컷 따개비들이 들러붙어 있던 거였지.

🧑 아하, 그럼 이 따개비는 암컷의 성기에다가 고추가 두 개씩이나

달려 있었단 말씀이군요?

이런, 고추라니. 귀여운 소녀가 못 하는 소리가 없네!

그게 뭐가 어때서요?

아무리 그래도 아가씨가….

저희 선생님께서 성교육 시간에 알려 주셨어요, 성은 부끄럽거나 비밀스러운 게 아니라고요.

음, 우리 시대에는 상상도 할 수 없는 일이었는데… 학교에서 성에 관한 지식을 다 배우는구나, 여자애들도 말이야.

성에 대해 많은 지식을 배우는 건 아니에요. 그보다는 자연스러운 분위기에서 성에 대해 자주 얘기하는 편이에요. 선생님께서 그런 분위기를 만들어 주시거든요. 여학생, 남학생 할 것 없이 자신의 몸에 대해서도 편하게 이야기하고요.

세상 참 좋아졌구나. 우리 때는 성을 너무 쉬쉬하고 감추기만 했는데….

그리고요, 생물한테 성기가 있다는 게 이상할 건 없잖아요? 암수한몸이라는 게 좀 신기하긴 하지만요. 한 마리에 암컷 생식기와 수컷 생식기가 모두 있는 생물. 어? 그러고 보니 따개비는 식물하고 비슷하네요. 식물들도 암술 한두 개에 수술 여러 개가 달려 있잖아요?

그래, 나도 꼭 그렇게 생각했단다. 세상에 식물 같은 동물을 발견하게 될 줄이야! 너무 놀랍고 기뻐서 예전에 스승님이셨던 분께 편지까지 썼다니까. "제가 발견한 따개비 중에 정말 이상한 따개비가 있습니다. 수컷 한 마리가, 아니 어떤 경우에는 수컷 두 마리가 조금 자란 뒤에 암컷 주머니 속으로 들어가 버립니다. 거기에 틀어박혀서 아내 따개비의 살 속에 파묻힌 채로 평생을 보냅니다. 그 뒤로 다시는 움직이지 않습니다."

할아버지, 정말 존경스러워요. 만일 할아버지께서 따개비들을 세세히 해부해 보지 않으셨다면, 이 놀라운 사실들을 전혀 몰랐을 거 아니에요?

그래, 자연계에 이런 기괴한 생물들이 있으리라고는 상상도 못했겠지. 식물과 아주 유사한 성기를 가진 동물이 있다는 것도 말이야. 그리고….

왜요, 뭘 찾으세요?

그렇지, 여기 있었구나. 은수야, 여기 이 백리향(百里香)을 좀 보렴. 백리 밖까지 짙은 향기를 풍긴다는 이 야생화 말이야.

어? 여기에도 백리향이 있나요?

백리향도 아니? 은수는 정말 모르는 게 없구나.

하하하, 아니에요. 실은 저희 학교 가는 길에 '백리향'이라는 짜

장면 집이 있거든요. 그래서 선생님한테 이 식물에 대해 들은 적이 있어요. 그랬던 백리향을 영국에 와서 처음 보게 되네요.

허허, 그렇구나.

그런데 왜 갑자기 백리향 얘길 하셨어요?

야생에 피어 있는 백리향은 수술이 퇴화되어 있거든. 여기 좀 보렴.

아, 정말 그러네요.

암수한몸이던 따개비가, 수컷 성기가 퇴화된 암따개비로 변한 거랑 비슷하지 않니?

따개비가 가르쳐 준 진화의 역사

따개비는 여러모로 신비롭네요.

엄청나게 종류가 많다는 것부터가 그래. 또 암따개비와 수따개비의 관계도 신기하지. 성기가 여러 개인 따개비는 말할 것도 없고 말이야. 하지만 내가 가장 기뻤던 건 따개비들한테서 진화의 역사에 대해 배웠다는 점이야.

진화의 역사를? 따개비들한테서요?

→ → 암수한몸 따개비 → 암수한몸이되 수컷 생식기가 축소된 따개비 → 수컷 생식기가 완전히 퇴화한 암컷 따개비. 암컷과 수컷은 진화 과정에서 생겨난 결과이다. → → →

응, 따개비 연구가 끝나갈 즈음, 그동안 연구했던 여러 종류의 따개비들을 머릿속에 쭉 늘어놓아 봤어. 암수한몸인 따개비, 암수한몸이되 수컷 생식기가 축소된 따개비, 그리고 수컷 생식기가 완전히 퇴화된 암컷 따개비(이 따개비는 수컷 따개비를 따로 데리고 다녔지). 그 순간, 뭔가가 피융! 하고 머리를 스치고 지나갔어.

뭐가요?

순서를 잘 보렴. 처음에 암수한몸이던 따개비가 어느덧 암따개비와 수따개비로 분리되어 버렸잖니?

아!

그 뒤에 연구를 거듭한 끝에 난 깨달았어, 그게 오랜 세월에 걸쳐 지구에서 실제로 일어난 사건이라는걸! 그 깨달음의 순간을 난 평생 잊지 못했지. 아주 경이로웠어. 암컷과 수컷은 생명 진화의 첫 순간부터 있었던 게 아니었어. 오랜 시간에 걸친 진화의 결과였던 거야.

🙍 그럼 그 세 종류의 따개비가 지구에 출현한 시기도 각각 달랐겠네요?

👴 아마 그랬을 거다. 현생 따개비들은 지구에서 암컷과 수컷이 나누어진 역사를 말없이 보여 주고 있는 거지. 그래서 난 식물들에 대해서도 마찬가지 상상을 해 봤어.

🙍 식물들에 대해서도요?

👴 식물들은 대부분이 암수한그루지만 암수딴그루인 것들도 좀 있잖니?

🙍 그렇죠.

👴 그게 아득한 옛날부터 그랬던 것일까? 아마 아닐 거야. 식물들도 암컷과 수컷으로 한창 분화되고 있는 중일 거야, 암그루와 수그루로 말이야.

🙍 그런 식으로는 생각해 본 적 없는데, 정말 그럴 듯해요. 할아버지, 진화론이라는 거 정말 대단한 거 같아요. 따개비도요.

👴 따개비가 힌트를 준 건 이것뿐이 아니란다. 우리 인간을 이해하는 데에도 커다란 도움을 주었어.

🙍 그래요? 따개비가요?

아빠의 그것

🧑 물론이야. 은수야, 너 혹시 아빠한테서 뭐 신기한 거 본 적 없니? 아빠 몸에서 말이야.

👧 신기한 거요? 흠… 뭐 신기할 거까진 없겠지만, 아빠는 저나 엄마랑 달리 고추가 달렸죠!

🧑 하하하, 맞아. 또? 그거 말고도 또 다른 게 있지 않니?

👧 ?

🧑 아빠의 젖꼭지 말이야.

👧 아하, 그 젖꼭지 같지 않은 젖꼭지요?

🧑 그래, 참 이상도 하지. 평생 아무짝에도 쓸모없는 게 왜 붙어 있는 걸까? 여자들 가슴은 얼마나 대단하니. 세상의 모든 아기들이 그 풍성한 젖가슴에서 영양 만점인 젖을 받아먹으니 말이야.

👧 맞아요. 그래서 한문으로 엄마를 모(母)라고 쓰지요. 원래 옛날에는 이렇게 생겼었다고 해요.

🦠 오오, 그래? 역시 한자는 대단하구나. 자! 그럼 이제 대답해 보렴. 남자들 가슴에 왜 뜬금없이 그런 게 있는지.

👧 글쎄요. 음… 어… 모르겠는데요.

🦠 우리 때 과학자들도 어리둥절하긴 마찬가지였어. 그들은 대부분 창조론자였는데, 하느님께서 왜 그 쓸모없는 걸 창조하셨는지 도무지 이해할 수가 없었지. 그래서 할 수 없이 이런 이론을 주장했어. 하느님께서는 대칭을 사랑하셔서 남자 몸에도 여자와 닮은 뭔가를 달아 놓았다고 말이야.

푸하하하.

웃기지? 말도 안 되고. 그렇지만 당시 과학자들은 그런 걸 이론 이랍시고 엄숙하게 주장했단다. 반면 진화론은 이 문제를 아주 간단하게 해결해. 아빠의 젖꼭지는 무엇인가? 암수한몸이었던 시절의 흔적이 남아 있는 것이다. 어째? 모두 다 젖을 주다가 언 젠가부터 암컷만 젖을 주게 된 거지.

아하!

그러니까 아빠의 젖꼭지는 흔적 기관이야. 반면 엄마의 젖꼭지 는 젖을 주는 진짜 기관이지.

아빠의 젖꼭지도 쓸모가 있네요. 진화의 중요한 증거였다니 말 이에요. 할아버지, 진화론 쪽이 확실히 옳은 거 같아요. 설명도 참 쉽고 간단해요.

그렇지? 하지만 나는 당시의 진화론도 완전히 만족스럽지는 않 았어.

왜요?

자연은 무한정 다양하고 엄청나게 풍요로운데, 당시 진화론은 그걸 충분히 설명해 내지 못했거든.

지금까지 할아버지가 하셨잖아요?

그렇긴 하다만, 그건 이야기의 반쪽에 불과해. 너도 생각해 보렴, 따개비들이 말이야….

으악! 또 따개비. 하도 따개비 얘길 많이 들었더니 머릿속이 따개비들로 가득 찬 느낌이에요. 따따따따따….

5장

업그레이드 진화론

다윈과 스마트폰

할아버지가 어느새 나를 다시 따개비 얘기로 끌고 가려 하셨다. 하여튼 빈틈을 보이면 안 된다니까. 물론 따개비 얘기가 재밌긴 했다. 오랫동안 연구를 하셨으니 들려주고 싶은 얘기도 많으실 테고. 하지만 서둘러 막아 낸 건 정말 잘한 일이야. 내 머릿속에서 따개비들이 마구 아우성치고 있었으니 말이다. 그 시끄러운 느낌, 아무도 모를 거다.

*
* *

🧔 하하하, 알았다. 따개비 얘기가 그렇게 지루했니?

👧 그건 아니에요. 단지 너무….

🧔 그래그래, 너무 따개비 얘기만 했지? 껄껄껄.

👧 따개비 연구가 끝난 다음엔 무슨 일을 하셨나요?

🧔 따개비와 관련 있는 동물들을 모조리 연구하기 시작했어.

👧 으아! 이제 그만두셨나 했더니, 오히려 스케일이 더 커지셨군요.

🧔 따개비처럼 다리가 덩굴처럼 뻗는 갑각류들 즉, 만각류(蔓脚類)들을 모조리 연구하기 시작했지. 만각류 화석들까지 전부 포함해

서, 참으로 오랜 시간 동안 분해하고 관찰하고 분류했어. 나중에 책으로 펴내 보니 네 권이나 되었단다.

🧒 네 권씩이나요?

👴 그래, 덕분에 진짜 중요한 사실을 깨달았어.

🧒 진짜 중요한 사실?

👴 그건 바로 만각류라는 게 종류가 너무너무 많다는 사실이었어.

🧒 그럴 수밖에요. 따개비만 해도 200종류는 되니까요.

👴 정말 넌 모르는 게 없구나. 어떻게 아는 게 그렇게도 많니? 그것도 숫자까지 정확히. 아까부터 좀 이상하다고 생각은 했다만….

🧒 할아버지가 말씀에 열중하시는 동안 스마트폰으로 슬쩍슬쩍 검색을 했죠.

👴 스마트폰이라니?

🧒 아, 그런 게 있어요. 말하자면… 음… 백과사전 같은 게 이 스마트폰 속에 들어 있어요.

👴 그 작은 물건 안에? 믿을 수가 없구나.

🧒 하하하하, 전 할아버지 얘길 들으며 놀라고, 할아버진 제 물건을 보고 놀라시고. 할아버지, 그럼 좀 더 놀라게 해 드릴까요? 여기 있잖아요, 여기다가 할아버지 이름을 이렇게 치면요….

👴 내 이름을 치면?

🙎 할아버지에 관한 거의 모든 것이 다 나와요.

👳 나의 모든 것이?

🙎 『종의 기원』이라고 치면 『종의 기원』에 대한 각종 정보들도 다 뜨죠.

👳 오! 정말 믿을 수가 없구나. 어디 어디… 정말이네! 내 초상화까지 떴어. 와! 그거 나도 좀 보자.

🙎 할아버진 새로운 것만 보시면 흥분하시는군요. 전 할아버지 얘기가 더 흥미진진한데. 그런데요 할아버지, 아까 우리가 무슨 얘기를 하다 말았죠?

만각류와 함께한 8년은 헛되지 않았어!

👳 아 참, 그 얘길 마저 해야지. 그 스마트폰인가 하는 물건이 하도 신기한 바람에 그만! 아무튼 만각류의 종류가 무한히 다양하다는 거, 거기에 자연의 오래된 비밀이 숨어 있었던 거야.

🙎 오래된… 비밀?

👳 그건 창조론도 진화론도 발견하지 못한 귀한 비밀이었어.

🙎 와, 그게 뭐였을까요?

오우, 만각류가
이렇게나 많다니!

🧑 지구에는 정말 많은 종류의 생물들이 살잖니?

👧 네, 새들도 많고 땅속이나 바닷속에도 수많은 생물들이 사니까….

🧑 지구에는 어떻게 이리도 많은 생물들이 살고 있는 걸까?

👧 그건… 음… 지구의 환경이 다양하잖아요. 그러니까 거기 사는 생물들도 다 다른 거 아닐까요?

🧑 그래, 그게 상식적인 생각이지. 실제로 우리 시대의 진화론자들도 그렇게 생각했어.

👧 그렇다면 할아버지는 그게 아니라는 말씀인가요? 설마요?

🧑 아까 갈라파고스 얘기할 때 너도 잠깐 들은 적 있는데.

👧 제가요? 무슨 얘기를….

🧑 환경이 비슷해도 생물들이 크게 다를 수 있다는….

👧 아! 기억나요.

🧑 만각류의 종류가 무한할 정도로 많은 것도 마찬가지 아니겠어? 사실 그 많은 종류들이 다 사는 환경이 다르다는 게 말이 되니?

👧 어? 그러고 보니 그러네요.

🧑 물론 환경도 중요하지. 바위에 정착할 수 있도록 진화한 녀석들, 자루를 이용해 땅에 달라붙은 녀석들, 돌이나 조개껍데기 안쪽으로 들어간 녀석들 등등. 그런 차이는 역시나 사는 환경이 다르

기 때문이겠지. 하지만 환경의 차이로만 설명하기에는 만각류의 종류가 너무나 많았어. 종류별로 그림을 그리고 간단한 설명만 붙였는데도, 책으로 네 권이 될 정도였으니. 게다가 암컷과 수컷이 다양하게 분화된 건 또 어떻게 설명할 수 있겠니?

!!!

난 만각류들을 보고 확신하게 되었어, 자연계의 생물들은 본래 다양하게 변화하려 한다는 것을. 언제 어디서고 변화할 능력이 있다는 것을 말이야. 그러니까 자연에게는 불가능이란 없는 거지.

할아버지 얘길 듣고 나니 자연이 더 멋있게 느껴져요. 만각류들도요.

난 비글호 5년 동안 자연환경이 얼마나 다양하고 변화무쌍한지를 배웠지. 그리고 만각류와 함께 한 8년은 생물들의 변화 능력이 무한하다는 걸 일깨워 주었어. 기쁘고도 힘들었던 그 모든 시간들! 그것은 결코 헛되지 않았어.

갓난아기의 놀라운 능력

생물의 능력이라고 하시니까 텔레비전에서 본 게 생각나요.

👹 텔레비전?

👧 (아차! 또 실수를! 음, 이거 텔레비전을 설명하려면 고생깨나 할 텐데…. 할 수 없다, 거짓말을 좀 보태서.) 아니요. 제가 직접 본 건데요, 음… 그러니까… 제 동생이 태어났을 때 얘기예요. 흔히들 인간은 아기일 때 아무것도 할 줄 모른다고 하잖아요. 망아지들만 해도 한 시간 정도면 곧장 서고 태연히 걸어가는 데 말이죠. 그런데 아기들은 걷기는커녕 앉거나 기지도 못하잖아요.

👹 그렇지, 그게 인간의 특징이지. 무능력한 특징이랄까?

👧 근데 그게 아니더라고요.

👹 아니라니?

👧 아기를 물속에 넣어 봤거든요.

👹 물속에? 갓 태어난 아기를?

👧 네, 첨엔 아빠가 아기의 배를 살짝 받쳐 주면서 물 위에 뜨게 해 주셨죠. 그리고 천천히 손을 떼셨어요. 그랬더니….

👹 그랬더니?

👧 글쎄 아기가 물속에서 눈을 크게 뜨고 유유히 수영을 하는 거예요. 물고기처럼요.

👹 뭐야! 그거 정말이냐? 아기들에게 그런 놀라운 능력이!

👧 엄마가 그러셨는데요, 그건 아주 오래전 조상들 때부터 갖고 있

던 능력이래요. 태어나기 전에 엄마 배 속에서 훈련도 충분히 하
고요. 그러니까 아기는 무능력하지 않은 거죠. 그건 마치 물고기
를 땅에 올려놓고 잘 움직이지도 못한다고 하는 격이죠.

이야, 정말 대단한 얘기야. 듣고 보니 정말 아깝구나. 그걸 알았
더라면 『종의 기원』에도 써 넣었을 텐데…. 어차피 우리 동물들
의 공통 조상은 물에서 살았을 테니까, 그런 능력이 있는 건 당
연한 거지. 아주 자연스러운 것이고 말이야. 홍수가 났을 때 개
들이 헤엄을 얼마나 잘 치던지…. 한 번도 수영을 배운 적 없는
개들이. 그걸 여러 번 보았으면서도 아기들이 그럴 수 있다고는
생각을 못했구나.

할아버지! 기분이 좀 이상해요.

엥! 갑자기 그게 무슨 소리냐?

할아버지랑 얘기하다 보니 가슴이 뻥! 뚫리는 것 같아요. 책이나
선생님한테서 배울 때는 진화론이 좀 답답했거든요. 딱히 틀린

거 같진 않았지만, 생물들이 너무 수동적인 것 같았어요. 할 수 있는 게 자연환경에 적응하는 것뿐이니까요.

🧑 이해가 간다. 나도 그런 게 답답했었으니까. 생물이 왜 이렇게 다양하냐고 물으면, 진화론자들은 사는 환경이 다르기 때문이라고 했어. 창조론자들은 그게 바로 하느님이 창조하신 증거라고 했고. 물고기들은 물속에서 잘 살 수 있도록 몸의 구조를 만들어 주시고, 새들은 공중 생활에 맞게, 또 육상의 동식물들은 육상 생활에 맞게 창조해 주셨다는 거야. 얼마나 자비롭고 전능하시냐며 의기양양해했지. 그래서 난 창조론과 진화론이 모두 불만스러웠어. 생물들을 너무 수동적으로만 생각하더라고.

👧 그런데 할아버지가 말씀하시는 건 좀 달라요. 완전히 업그레이드된 진화론이에요. 환경도 중요하지만 생물들의 변화 능력도 중요하다, 그렇게 말하는 진화론이니까요.

🧑 맞다 맞아. 게다가 환경이라는 것도 그래. 꼭 온도나 습도 같은 것만 환경이 아니야. 사람으로 치면, 주변에서 함께 살아가는 사람들이야말로 중요한 환경이지.

내가 너의 환경이 된다고?

🧑 음, 그렇게 치면 제 경우에는 친구들이나 선생님들이 중요한 환경이네요. 아니 그 전에 우리 가족이야말로 저의 소중한 환경이네요.

👩 왜 아니겠니? 사실은 너도 네 주변 사람들의 소중한 환경이지. 우리는 서로에게 중요한 환경이란다.

🧑 동물하고 식물들도 그렇겠어요. 많은 도움이 되는 생물들도 있고, 또 천적처럼 엄청 해롭고 위험한 생물들도 있고요.

👩 그래, 생물에게 가장 중요한 환경은 바로 다른 생물들이란다. 내가 이 얘길 거의 평생 했는데, 이해하는 사람들이 거의 없더구나.

🧑 그래요? 전 별로 어렵지 않은데… 저희 집에서 화초들을 키우거든요. 걔들이 뿜어내는 신선한 산소를 우리 인간들이 마신대요. 물론 우리 식구들이 내쉬는 이산화탄소는 그 식물들이나 다른 미생물들에게 영양분이 되겠죠.

👩 너 말 한번 잘했다. 세상의 많은 생물들이 온도나, 습도, 토양 같은 것을 조성하는 데 힘을 보태지.

🧑 요즘엔 소들이 트림할 때 내뿜는 가스가 우리 지구를 덥게 만들

고 있대요.

🧑‍🦳 그럴 수도 있겠구나. 생물은 환경을 변화시키고 환경은 또 생물들을 변화시키니까 말이야. 그런 식으로 이 지구도 끊임없이 변화해 왔지. 그래서 이토록 다양한 생물들이 진화해 나온 거고. 은수야, 이게 바로 박물학자가 보는 자연이고, 내가 발견한 세상이란다.

👧 그렇군요. 할아버지, 요즘 천문학은 생물만이 아니라 우주도 진화해 왔다고 해요. 맨 먼저 빅뱅이 터졌고요. 그 이후로 우주는 스스로 계속 변화해 왔대요. 그러면서 수많은 은하계들이 생겨나고 태양계도, 지구도 생겨났대요. 그리고 마침내 이 지구에 짜잔! 생명이 탄생한 거예요.

🧑‍🦳 그 모든 과정을 물질들이 스스로 해낸 거구나. 끊임없이 변하는 물질들이!

👧 할아버지, 이 우주는 정말 웅장하고 신비하고 막 그래요.

🧑‍🦳 네 얘기엔 모르는 단어들도 간혹 들어 있지만, 그게 어떤 느낌인

→ → *자연은 무수하게 변화하고 또 변화한다. 물질도 변화하고*

생명도 변화하면서 이토록 다양한 생물이 진화해 왔다. → → →

지는 나도 알 것 같다. 방대한 만각류 연구를 끝까지 해낼 수 있던 것도 그런 웅장한 느낌에 매혹되었기 때문이거든.

저주받은 다윈?

🧑 만각류 책으로 큰 상도 받으셨죠?

👴 왕립 학회에서 주는 상을 수상했어. 그러니까 난 수상한 사람이지.

🧑 수상한 사람? 하하하.

👴 내 농담이 아직도 통하는구나. 흐흐흐. 암튼 그 상을 받을 때 참으로 영광스러웠지. 사람들은 내가 그 방대한 작업을 어떻게 해낼 수 있었는지 아무도 몰랐어. 다만 지루해 죽지 않은 걸 신기하게 여길 따름이었지.

🧑 이제부턴 할아버지를 만각류 할아버지라 불러야겠어요. 정말 존

경스러워요. 그런데….

왜 그러니?

위대하시긴 한데, 할아버지 때문에 만각류들이 너무 많이 죽었어요.

음… 할 말이 없구나.

걔들도 다 엄마, 아빠가 있고 또 친구들도 있었을 텐데….

그래, 생각해 보니까 너무 많이 죽였구나.

….

그래서였을까? 따개비 연구를 시작하고 얼마 지나지 않아 우리 아버지가 돌아가셨어. 물론 연세가 많으셨으니까 꼭 그것 때문이라고는 할 수 없겠지.

그런 일이 있으셨군요.

난 아들이면서도 몸이 아파 장례식에 참석하지 못했어. 비통한 노릇이었지. 하지만 그건 아무것도 아니었어. 진짜 큰 슬픔이 몇 년 뒤에 찾아왔거든. 따개비 연구에 한창 열중하던 무렵, 내 사랑을 독차지했던 큰딸 앤이 열 살밖에 못 살고 저 세상으로 가 버렸어.

열 살밖에 안 된 아이가요? 저보다도 훨씬 어린아이가….

처음엔 열이 나고 두통이 있는 정도였는데 결국은 그리 되어 버렸어. 마지막엔 무섭도록 토하고 설사를 하더구나. 그 사랑스럽던 아이가 왜 그토록 심한 고통 속에 헐떡이다가 이 세상을 떠나야 했는지. 밖에는 억수같이 비가 쏟아져 내렸어. 그 폭우와 함께 얼마 남아 있지 않던 내 신앙도 씻겨 내려갔지.

👩 얼마나 비통하셨으면….

💀 도대체 삶에 무슨 의미가 있나 싶었어. 황량하고도 어두운 인생. 앤 생각만 하면 나도 더 살고 싶질 않았어. 어쩌면 그 일을 잊기 위해 더욱 미친 듯이 만각류 연구에 파묻힌 건지도 몰라.

👩 흑, 정말 슬퍼요.

💀 뭐 그렇게까지 슬퍼할 건 없다. 이젠 다 지나간 일이고 말이야. 그렇지만 네가 진심으로 슬퍼해 주니 한결 위로가 되는구나. 그러니 이제 그만 슬퍼하렴.

👩 네, 네, 그럴게요. 그건 그렇고요, 만각류들을 그렇게 많이 죽게 하신 건 좀… 너무하셨어요.

💀 그… 그렇지. 하지만 너도 따개비죽 먹었다며? 그것도 고소하게.

👩 제가 말이죠, 흠흠, 따개비죽을 먹긴 했지만요, 어차피 우리는 다른 동식물들을 먹고 살아가는 생물이잖아요. 그래서 우리 아빠가 그러셨어요, 음식을 먹되 최대한 맛있게 먹고 하나도 남기

지 말라고요. 그게 다른 동물과 식물들에 대한 예의라고요. 그래

서 전 음식을 먹을 때 절대 남기지 않아요.

 쩝, 그렇구나.

6장

재앙 뒤에 축복이!

운명의 편지

유명한 다윈 할아버지한테 직접 이런 얘기들을 듣다니! 비글호 시절 이야기도, 따개비 이야기도 다 좋았다. 할아버지 건강이나 가족에 대한 이야기는 좀 슬펐지만…. 한데 정작 중요한 얘기를 아직 듣지 못했네. 찰스 다윈 하면 『종의 기원』인데, 그 책엔 대체 어떤 내용이 쓰여 있는지, 그 책이 왜 이렇게 유명한 건지…. 그래, 다윈 할아버질 만났는데 이대로 그냥 헤어질 순 없지.

*
**

🙍 할아버지 말씀 잘 들었어요. 책만 잘 쓰시는 게 아니라, 말씀도 청산유수네요.

💀 난 네 얘기가 더 흥미진진한데….

🙍 헤헤헤, 고맙습니다. 그런데요 할아버지! 왜 정작 중요한 얘긴 안 해 주세요?

💀 뭐 말이냐?

🙍 할아버지 대표작 이야기요.

💀 아! 그 얘기. 안 해 주긴, 네가 안 물어봤지.

🙂 헤헤, 그랬나요? 『종의 기원』이 할아버지 딱 쉰 살일 때 나왔다고 하셨죠?

👨 맞아. 끝이 안 보이던 만각류 연구가 완전히 끝난 뒤였지. 1856년, 내 나이 마흔일곱 살 때, 나는 드디어 오랫동안 꿈꿔 온 책을 쓸 수 있게 된 거지. 나의 독창적인 진화론을 세상에 선포하는 책! 아마 그 책이 실제로 완성되었다면 2~3천 페이지는 되었을 거야.

🙂 와, 어마어마한 대작이네요. 그런 거 쓰면 사람이 죽지 않나요?

👨 원래 계획대로였다면 그랬을지도 모르지.

🙂 네? 그럼 원래 계획대로 되지 못했다는 건가요?

👨 그래, 난 대작을 쓰겠다는 결심을 하고 2년 가까이 온 정성을 다바쳐 책을 쓰고 있었어. 그러다 운명의 그날! 1858년 6월 어느 날 집으로 도톰한 우편물이 하나 도착했어. 머나먼 인도네시아 쪽의 테르나테에서 온 거였어. 누구지? 하며 편지 봉투를 보니 앨프리드 윌리스라고 적혀 있더라고.

🙂 윌리스요? 그 사람이 누군데요?

👨 응, 누구냐 하면, 당시 인도네시아, 말레이시아 같은 데를 돌아다니면서 희귀한 동식물들을 채집하던 사람이야. 집안이 가난했기 때문에 그런 걸 팔아서 생계를 꾸려 가던 사람이었지. 내게도

간혹 표본을 보낸 적이 있었어.

🧑 이번엔 무슨 표본을 보냈던가요?

💀 그런데 표본이 아니었어. 편지를 읽어 보니 자기가 논문을 한 편 썼다는 거야. 그 논문을 읽어 보고 괜찮으면 어디 적당한 학술 잡지에 발표할 수 있도록 주선해 달라는 얘기였어. 흠, 이 친구가 논문을 다 썼어? 의아해하면서 논문을 읽기 시작한 순간….

🧑 할아버지! 갑자기 왜 그러세요? 표정이 너무 어두워요. 그 논문이 어떤 내용이었길래….

💀 세상에나, 그 논문에는 내가 오랜 세월 동안 갈고닦은 이론이 그대로 들어 있었어.

🧑 아니, 그럴 수가!

💀 내가 1844년, 그러니까 35세 때 써 놓았던 「종의 이론에 대한 논문」하고 너무 비슷하더라고. 아직 불충분한 점이 많아서 일단 고이 보관해 두었던 그 논문하고 말이야. 그랬는데….

🧑 그만 월리스의 논문이 도착하고 말았던 거군요.

💀 마치 내 머릿속을 들여다보며 그대로 옮겨 적은 것 같았어. 게다가 어떤 대목은 월리스의 논문 쪽이 훨씬 더 깔끔하고 명쾌했어.

🧑 세상에 별일이 다 있네요.

🧑‍🦲 만일 내가 월리스 부탁대로 그 논문을 과학 잡지에 발송했더라면 난 끝장이었지. 진화론의 창시자는 월리스가 되는 거니까.

👧 어떡해요?

🧑‍🦲 내가 한창 쓰고 있던 두꺼운 책도 빛을 잃는 거야. 독창적인 이론의 창시자는 월리스고, 난 기껏해야 그 이론을 지지하는 과학자가 되는 거지.

👧 그런데 우린 할아버지를 위대한 진화 이론의 창시자로 배우고, 월리스는 이름도 잘 안 알려져 있어요. 혹시?

🧑‍🦲 혹시라니?

👧 월리스 논문을 그냥 꿀꺽해 버리신 건 아닌가요? 아, 아니 꿀꺽까진 아니어도 월리스의 우편물을 못 받은 척하려 했다던가.

🧑‍🦲 아니, 나 같은 품위 있는 신사를 뭘로 보고….

👧 죄, 죄송해요.

🧑‍🦲 물론 그러고 싶은 마음이야 굴뚝같았지. 그렇지만 불명예를 죽기보다 싫어하는 내가 그런 짓을 할 수는 없었어. 그런데 다행히도 내 주변에는 유명한 과학자 동료들이 많았단다. 그들이 딱한 내 모습을 보고 해결책을 찾기 시작했어. 어떻게든 수를 내 보자고 했지.

👧 와! 정말 흥미진진하네요. 그래서요, 그래서요?

그때, 진짜 재앙이 닥쳤다

그런데 그때 더 괴로운 일이 벌어졌어. 갑자기 우리 지역에 전염병이 무섭게 퍼져 나간 거야. 당시 열다섯 살이던 우리 셋째 딸 헨리에타가 고열과 인후염으로 앓아누웠어. 가래가 심하고 목이 너무 아파서 말도 못하고 뭘 삼키지도 못했어. 맥박은 어찌나 빨라지던지….

🙍 저런!

👿 엎친 데 덮친 격으로 우리 둘째 아들 조지가 홍역에 걸려 버렸어. 그때는 홍역이란 게 아주 위험한 병이었지. 그다음 날엔 막내 찰스가 열병에 걸려 버렸어.

🙍 세상에! 어떻게 그런 일들이 한꺼번에?

👿 헨리에타와 조지는 위기를 잘 넘겼다만, 찰스는 금방이라도 숨이 넘어갈 듯했어. 태어난 지 두 해밖에 안 되었던 그 어린것이…. 늘그막에 낳은 막내라 이름도 나랑 같은 찰스로 짓고 금이야 옥이야 하던 녀석이었는데. 큰딸 앤이 열 살 때 죽고 아직 7년밖에 안 지났는데, 또 이런 일이 우리 집안을 덮치다니. 이놈의 저주받은 집안….

🙍 네? 저주받은 집안요?

👿 실은 우리 다윈 집안과 내 아내의 집안이 몇 대에 걸쳐서 계속 결혼을 했단다. 우리 둘째 누나랑 내 아내의 오빠도 부부였어. 나의 장인어른은 우리 엄마의 오빠, 즉 내 외삼촌이었고.

🙍 아이고 복잡해라.

👿 두 집안이 그런 식으로 결혼을 반복한 게 혹시나 나쁜 영향을 미쳤던 게 아닐까 싶었던 거야.

🙍 나쁜 영향이라뇨?

🐞 약한 체질이나 고약한 질병이 유전된다든가 하는…. 내가 평생 아팠던 것도, 또 우리 아이들이 병치레가 그리 잦았던 것도 그것 때문일 수가 있거든. 그래서 누구 하나가 심하게 아프기라도 하면, 이번엔 또 애 차롄가 싶었어. 죽음의 그림자가 늘 어른거리던 저주받은 집안이었지.

👧 아, 그래서 그런 말씀을 하신 거군요.

🐞 그 와중에 과학자였던 내 친구에게서 연락이 왔어. 월리스 문제에 대해 묘안이 있으니 얼른 내 이론을 정리해서 보내 달라는 거야. 그러면 그걸 월리스의 논문과 함께 '린네 협회'에서 함께 발표시켜 주겠다는 거였지. 한마디로 나와 월리스를 새로운 진화론의 공동 발견자로 만들어 주겠다는 거야.

👧 '린네 협회'요? 린네라면….

🐞 그래, 우리 생물학계의 위대한 대선배님이시지. 예컨대 인간을 '호모 사피엔스'라고 명명하는 그 속명＋종명 방법도 개발하셨고.

👧 맞아요. 들어 본 거 같아요. 그건 그렇고, 누가 먼저 발표했느냐가 그렇게까지 중요한 건가요?

🐞 그, 그건… 전혀 중요하지 않다고는 할 수 없지 않을까?

👧 그치만 좀 심하잖아요. 자식이 죽어 가는데…. 그래서 할아버진

어떻게 하셨어요?

🧒 한번 생각해 봐라, 내가 그럴 여력이 있었겠니? 아이들이 언제 죽을지 모르는 사투를 벌이고 있는데, 그것도 세 명씩이나….

👧 그러니까요….

🧒 그래서 1844년에 써 둔 「종의 이론에 대한 논문」하고, 1857년에 미국의 어떤 과학자한테 부친 편지만을 보냈어. 그 편지에서 내 이론을 대략 설명한 적이 있었거든. 아무튼 그런 우여곡절을 거쳐서 결국 '린네 협회'에서 내 글 두 편과 월리스의 논문이 함께 발표된 거야. 그래서 나와 월리스가 자연 선택 진화론을 동시에 창시한 사람이 된 거란다.

👧 와, 그런 복잡한 사정이 있었군요. 무슨 드라마 같아요.

🧒 두 살배기 찰스가 죽은 다음 날 그 아버지란 작자는 그런 편지나 보내고 있었던 거지.

👧 죄송해요, 제가 괜한 걸 여쭤 봤나 봐요.

🧒 아니다. 어차피 태어난 사람은 모두 죽게 마련인데 뭘. 다만, 우리 찰스는 너무 일찍 가 버려 더 원통할 따름이지. 그 불쌍한 애가 편안한 표정으로 영원히 잠드니까 다행스럽기까지 하더라. 더 이상 고통스러워하지 않아도 되니까. 그 즈음, 내 큰누님도 돌아가셨어. 우리 가족의 모습을 지켜보며 고통을 함께 나누다

그만.

에구! 많이 슬프셨겠어요. 그 마음, 저도 조금은 알아요. 초등학교 5학년 때 저희 할머니가 돌아가셨거든요.

그런 일이 있었구나. 하지만 어쩌겠니. 부처님께서도 말씀하셨듯이, 모든 건 덧없고 공(空)한 거니까….

우와! 할아버지, 불교도 잘 아시네요.

잘 알기는… 실은 내 동료 중에 후커라는 사람이 있었어. 논문을 공동 발표할 수 있게 도와준 동료 중 한 명이지. 이 친구가 저명한 식물학자인데 불교에도 아주 밝았단다. 그래서 그 친구로부터 불교의 깊은 가르침을 종종 귀동냥하곤 했었지.

오, 그래요? 그러신지 첨 알았어요. 다윈 할아버지한테서 불교 얘길 다 듣게 되다니, 정말 의외예요.

지금에 와서야 여유 있게 불교 얘기도 할 수 있다만, 당시에는 지옥 같은 2주일이었어. 그 짧은 기간 동안 너무 심한 고통을 겪다 보니 갑자기 폭삭 늙은 것 같더라고. 그래서 책이고 뭐고 다 집어치우고, 한 달 정도 휴양을 다녀왔어.

사악한 열정이 폭발했다

🧑 오랜만에 푹 쉬셨겠어요.

💀 정말 잘 쉬었지. 그러고 나서 집으로 돌아오니 친구들이 그러더 구나, 빨리 내 이론을 책으로 써 내라고. 더 어물거리다가는 월 리스 사태보다 더 큰 문제가 발생할지도 모른다고 말이야. 친구 들이 하도 성화를 부려 대는 바람에 난 그때까지 쓰고 있던 거대 한 책을 일단 중단했어. 대신 빠른 시일 내에 출간할 수 있는 얇 은 책을 새로 쓰기 시작했지.

🧑 아, 그게 잘 되던가요?

💀 일단 펜을 들자 난리도 아니었어. 내 안에 오랫동안 웅성거리고 있던 것들이 아우성치며 튀어나오기 시작한 거야. 수많은 동물 과 식물들, 지구의 격렬한 운동과 변화 등등, 그 모든 것들이 글 로 쏟아져 나와 버리더라고. 화산이 분출하는 것과도 같았지.

🧑 그렇게까지!

💀 월리스 충격으로 난 이미 될 대로 되라는 심정이었거든. 한마디 로 이판사판이었지. 거기에 막내 찰스가 죽어 버렸으니! 신에 대 한 나의 분노가 뜨거운 불길처럼 치솟아 올랐어.

🧑 무시무시했네요.

왜, 왜, 도대체 왜?

🧑 그전까지만 해도 이 정도는 아니었어. 물론 창조론이 틀렸다는 거야 오래전부터 알고 있었지. 하지만 영혼에 위안을 주는 하느님까지 부정한 건 아니었어. 그런데 이제 그런 존재는 다 필요 없어졌잖아? 우리가 찰스를 얼마나 귀여워하고 사랑했는데, 그 천사 같은 아이를 아무런 이유 없이 빼앗아 가 버리는 존재라면….

👩 하느님을 안 믿는 정도가 아니라 아예 미워하게 되셨나 봐요.

🧑 그래, 은혜롭고 전지전능한 하느님이 특별한 계획을 세워 모든

동식물을 창조하셨다고? 그럼 온갖 잔혹한 일들은 왜 생기는 거지? 나비를 창조해 놓고, 그 나비 유충의 몸속에서 유충을 파먹으라고 맵시벌을 또 창조했다고? 고양이는 가련한 쥐를 갖고 놀도록 그렇게 창조되었다고? 그런 신비하고 거룩한 질서에 따라 우리 찰스도 데려간 거란 말이지? 흥! 그래 좋다! 어디 좋을 대로 해 봐라. 하느님이니 창조니 하는 따위가 모두 새빨간 거짓말이란 걸 낱낱이 밝혀내고 말 테다.

할아버지….

처음엔 그런 사악한 열정이 나를 마구 몰아붙였어. 나 자신도 두려울 정도더구나. 하지만 얼마 뒤 밝고 힘찬 풍경이 내 안에서 새롭게 펼쳐지기 시작했어. 스스로 변신하며 무한하게 진화하는 생물들, 그들이 치열하게 경쟁하고 조화를 이루는 광활한 지구. 내가 일생 동안 사랑했던 모든 것들이 찬란한 미소를 지었어. 난 환희에 차서 펜을 내달렸지.

오!

때로는 분노와 슬픔이, 때로는 희망과 기쁨이『종의 기원』을 완성하게 도와주었어. 이 책에는 내 인생 전체가 담겨 있는 셈이지.

그러셨군요.『종의 기원』이란 게 그냥 단순한 과학책이 아니었네요.

🐒 1858년 8월부터 1859년 3월까지 미친 듯이 책을 썼어. 마지막 장을 쓸 때는 심한 구토가 나오더구나.

👧 원래도 건강이 좋지 않은 분이….

🐒 5월부터는 교정을 봤지. 글을 쓰는 것보다 고치는 게 더 고통스럽고 힘들더구나. 중간에 요양지를 여러 번 찾아가야 했어. 결국 몸도 마음도 진이 다 빠져 버렸을 무렵, 그 해 10월이 되어서야 원고 작업은 모두 끝이 났어.

👧 휴, 전 듣기만 해도 힘드네요.

🐒 『종의 기원』은 그해 연말에 세상에 나왔어. 표지에 찰스 다윈이라고 적혀 있는 걸 보니 만감이 교차하더구나. 그건 먼저 간 내 아들 녀석 이름이기도 했으니까. 우리 찰스는 갔지만 그 이름은 이 책과 함께 오래 살아남기를 바랐어. 적어도 내 살아 있는 동안에는 말이야.

👧 그랬던 책이 오늘날까지 살아 있는 거네요. 슬프지만 감동이에요.

7장
내 사랑스런 아기
『종의 기원』

드디어『종의 기원』속으로!

『종의 기원』은 그냥 단순한 과학책이 아니었어. 무슨 내용인지는 아직 모르지만, 암튼 거기에는 할아버지의 인생 전체가 담겨 있다고 하니 말이야. 스케일도 무지하게 크다는 그 책. 이제부터 다윈 할아버지가 직접 말씀해 주신다니, 아! 흥분된다. 과연 무슨 얘길 들려주실까?

🙍 할아버지, 스마트폰으로 검색해 보니까『종의 기원』은 모두 14장까지 있네요. 한 500페이지쯤 되고요.

👴 그 정도 되지.

🙍 1장은 '가축과 작물의 변이', 2장은 '자연 상태의 변이'라고 되어 있네요. 으, 제목부터 뭔 말인지 모르겠어요. 할아버지, 변이라는 게 뭔가요?

👴 응, 변이라는 건 말이다, 같은 종류의 생물이라도 개체마다 다 다르다는 말이야. 같은 부모한테서 태어난 자식이라도 키나 몸무게, 행동 방식 같은 게 다 다르지 않니? 간단히 말하자면 '변이

=변화+차이'라고 생각하면 쉽겠구나.

아, 그런 말이었군요.

진화론을 진짜로 이해하기 위해서는, 생물들이 얼마다 다른지를 충분히 알아야 한단다. 내가 만각류 책을 네 권씩이나 쓴 것도 그 때문이야. 그게 모두 만각류의 변이에 관한 책 아니냐?

허걱! 할아버지, 설마 또 만각류 얘길 하시려는 건 아니겠죠?

물론이다. 만각류 말고도 난 정말 숱하게 관찰을 하고 엄청 많은 자료들을 모았어. 그렇지만『종의 기원』에는 그중 극히 일부밖에 쓰지 못했지. 다른 얘기도 할 게 많았으니까.

많이 아쉬우셨겠어요.

뭐 괜찮다.『종의 기원』을 내고 9년 뒤, 내가 관찰했던 내용을 하나도 빼놓지 않고 모두 담아『가축과 작물의 변이』를 냈으니까.

제목이『종의 기원』1장하고 똑같네요.

그럴 수밖에. 이 책은『종의 기원』1장을 쓸 때 빼놓았던 모든 자료를 다 살려서 쓴 거거든. 그러니까 책이 1,000페이지가 됐지. 원래는 이렇게 1,000페이지는 써야 할 내용을『종의 기원』에선 3~40페이지로 압축해야 했으니, 내 속이 얼마나 쓰렸겠니?

으악! 1,000페이지요?

내가 관찰했던 가축과 작물들을 모두 담았으니까. 1장은 개와 고양이, 2장은 말과 나귀, 3장 돼지, 소, 양, 염소, 4장 토끼, 5장 하고 6장은 비둘기, 7장은 닭….

어? 잠깐만요. 비둘기는 왜 두 장이나 되나요?

비둘기는 내가 정말 사랑했거든. 교배도 많이 해 봤고. 두 장도 부족할 지경이었지. 그리고 또 8장은 오리, 거위, 공작, 칠면조 등등, 9장은 곡물과 요리용 식물, 10장은 과일과 관상목, 꽃….

으악! 그만, 그만하셔도 충분히 알겠어요.

왜 그러냐? 28장까지 하려면 아직도 멀었는데….

무려 28장까지! 아뇨, 정말 됐어요. 할아버지가 얼마나 많은 동식물들을 관찰하셨는지 잘 알겠다고요.

하하하, 어쨌든 내 진화론을 제대로 이해하고 싶다면 그 책하고 만각류 책을 읽어 보기 바란다.

윽, 만각류 책도 네 권이나 된다고 하셨잖아요?

아니면 최소한 『종의 기원』이라도 정독하든가.

그것도… 쉽지만은 않을 거 같은데요.

그럼, 그냥 내 진화론을 믿어야겠네.

할아버지, 완전 엉터리. 비겁하세요.

내가 창조론자가 되다니!

🧓 하하하하, 농담이다, 농담! 그래, 아무리 책을 읽기 힘들다 해도 과학 이론을 덥석 믿어서는 안 되지. 과학은 믿는 게 아니라 이해하는 거니까.

👧 그럼요. 무슨 종교도 아니고요. 근데요 할아버지! 궁금한 게 한 가지 있는데요, 이게 말이 되는 건지 잘 모르겠어요.

🧓 뭔데 그러니? 말해 보렴.

👧 생물들은 끝없이 변한다고 하셨잖아요?

🧓 그랬지.

👧 자연환경도 계속 변화하고요.

🧓 물론이야.

👧 그럼 된 거 아닌가요?

🧓 되다니? 되긴 뭐가 됐다는 거냐?

👧 그렇게 막 변화하다 보면 때로는 큰 변화도 생기고, 그러면 새로운 생물들이 진화해 나올 수도 있는 거 아닌가요? 그럼 더 생각해 볼 필요도 없이 진화론이 맞는 거 같은데….

🧓 하하하, 맞다, 맞아. 그런데 참 이상하지? 옛날 사람들도 생물이나 자연환경이 변한다는 걸 몰랐을 리는 없잖아? 그런데 왜 그

토록 오랫동안 창조론을 믿었을까?

🧑 그러게요. 왜 그런 거죠, 할아버지?

👴 은수야, 그건 바로 변화의 한도가 있다고 믿었기 때문이야.

🧑 변화의 한도요?

👴 그래, 생물들이 끝없이 변화한다고 해도 어떤 한도나 한계가 있
는 게 아니냐는 거지. 그러니까 포도가 아무리 다양하게 다르다
해도 포도는 포도지. 맛이나 빛깔, 향기가 아무리 달라도 포도는
포도잖아?

🧑 그렇죠, 포도는… 포도죠.

👴 딸기는 딸기고, 개는 개고, 고양이는 고양이잖아?

🧑 당연하죠.

👴 그러니까 개가 짝짓기를 하면 다양한 새끼들이 태어나지만, 거
기서 고양이나 침팬지가 태어나진 않잖아? 개 부모한테서 바나
나나 딸기 같은 게 태어난다는 건 아예 상상도 불가능하고.

🧑 개한테서 바나나나 딸기가요? 하하하, 그야 말도 안 되죠.

👴 그러니까 개한테서 어떤 기형이나 변종인 개가 태어날 순 있어
도 하마나 사람이 태어날 순 없겠지?

🧑 물론이죠. 할아버지, 왜 이런 당연한 얘기를 계속하시죠? 절 놀
리시는 것도 아니고.

🐾 널 놀리긴…. 은수야, 실은 지금까지 내가 얘기한 게 바로 창조론자들의 논리였어.

🐭 무… 무슨 말씀이신지?

🐾 변화에는 한계나 한도가 있다는 거지. 어떤 생물종에서 아무리 특이한 자손들이 태어나더라도 그 생물종의 한도를 벗어날 순 없다는 거야. 그게 바로 자연의 질서라는 거고.

🐭 그건 맞는 얘기…잖아요?

🐾 정말 맞는 얘기 같지? 그런데 이게 바로 창조론의 논리란다. 사실 창조론은 우리 상식에 아주 가까운 이론이야. 막연히 생각하는 것처럼 억지스러운 미신이 아니라고. 개한테서 고양이나 토마토가 태어날 순 없는 노릇이니 말이다.

🐭 그건 창조론이 아니라 그냥 옳은 얘기잖아요?

🐾 정말 그렇게 생각되지? 좋다, 그럼 네 말대로 그게 옳은 얘기라고 해 보자. 생물들이 아무리 크게 변화한다 해도, 어떤 한도나 한계를 넘을 수는 없다고 해 보자. 그럼 어떻게 되겠니? 아주 새로운 종은 영영 생겨날 수 없는 거 아니냐?

🐭 그렇겠죠. 어! 이게 어떻게 된 거지? 어느새 진화론이 틀린 게 되네요.

🐾 하하하, 거봐라. 그게 바로 창조론자들의 논리였어. 어떤 생물

로부터 전혀 다른 종류의 생물이 태어난다는 게 말이 되냐, 그건 기적이나 미신을 믿는 거 아니냐. 그러면서 진화론을 비난한 거야.

🧑 할아버지, 이런 얘긴 처음 들어요.

👴 놀랍지? 사실 우리 시대엔 일반인들만이 아니라 과학자들도 대부분 창조론자들이었어. 내 동료 과학자들도 물론 대부분 진화론을 믿지 않았지. 아주 유명한 과학자들이었는데 말이야.

🧑 과학자들 대부분이 창조론자들이었다고요? 세상에나! 창조론자들이라고 하면 그저 성경만 믿는 사람들인 줄 알았는데… 과학을 반대하는 그런 사람들….

👴 그런데 너도 내 질문에 대답하다 보니 어느덧 창조론자들처럼 얘기하게 되었잖니?

🧑 네, 전 그저 할아버지가 물어 보시길래 생각나는 대로 대답을 했을 뿐인데… 그게 창조론자들의 논리였다니!

👴 이제 내가 살던 시대가 어땠는지, 좀 이해가 되니?

🧑 네, 100%까진 아니지만….

👴 너도 방금 깨달았듯이 창조론은 꽤나 상식적인 이론이었지. 지지하는 사람들도 많았고. 그랬기 때문에, 내가 창조론을 비판하기 위해 그렇게 두꺼운 『종의 기원』을 써야 했던 거야.

👧 할아버지, 너무 얼떨떨해요.

👴 지금까진 그냥 창조론은 말도 안 되는 거라고 알고 있었지?

👧 네.

👴 그리고 창조론 같은 미신만 믿지 않으면, 자연을 있는 그대로 잘 관찰하기만 하면 그냥 진화론자가 되는 줄 알았고?

👧 네, 정말 그랬어요. 그런데요 할아버지, 만약 지금 얘기하신 게 맞는다면요, 그럼….

👴 대체 그런 창조론을 어떻게 비판했냐고?

👧 네, 개한테서 하마나 사람이 나올 수 없다는 거, 그 당연한 얘기를 어떻게 뒤집으신 거예요?

👴 녀석, 이제 정말 궁금해진 표정이구나.

다윈에게 직접 듣는 『종의 기원』 특강

👴 『종의 기원』은 우주의 처음이라든가 지구에 생명이 탄생하는 거창한 이야기로 시작하지 않아. 우리가 날마다 보는 동식물들에서 시작되지. 가축과 작물들에서 말이야.

👧 그래서 1장 제목이 '가축과 작물들의 변이'인 거군요.

그렇지. 우리도 『종의 기원』처럼 가축에서 시작해 보자꾸나. 아까 그랬었지, 개끼리 짝짓기 하면 개가 나온다고?

네.

너도 알겠다만, 개의 종류도 참 많아, 그렇지?

그럼요. 불도그, 진돗개, 푸들, 달마시안, 삽살개 등등, 하여튼 무지하게 많지요. 아! 검색해 보니 전 세계적으로 품종이 200여 가지나 된다고 하네요.

자, 어떠냐? 그 많은 품종들이 아득한 옛날부터 다 있었던 걸까?

설마요.

맞아, 야생에는 한 종류나 아니면 몇 종류밖에 없었겠지? 그런데 그 야생 동물들이 인간하고 가까이 살게 되면서 가축이 되었고, 그러면서 점점 더 품종이 다양해진 거겠지?

그럴 거 같아요.

확신이 안 들면 장미를 생각해 보렴. 그 스마트폰에는 장미가 몇 종이나 된다고 하니?

잠깐만요. 장미…를 치고… 아! 나왔어요. 지금까지 약 25,000종이 개발되었고요. 현존하는 것은 6~7,000종이며, 해마다 200종 이상의 새 품종이 개발된대요. 이야, 장미 종류는 정말 많네요.

→ → 종은 영원한 게 아니다. 새로운 종은 얼마든지 진화해 나올 수 있다. 가축과 작물의 품종은 사람들의 교배를 통해 엄청 다양해졌다. → → →

정말 그렇구나. 하지만 아무리 그래도 원래 야생에 살던 장미는 몇 종류밖에 안 되었을 거야. 그걸 인간들이, 특히 원예가들이 정교하게 교배해서 새로운 품종들을 만들어 냈을 거라고.

맞아요. 지금도 해마다 200종 이상씩 개발된다고 하니까요.

자, 다시 개 얘기로 돌아가 보자. 진돗개, 불도그, 치와와 같은 품종들을 모두 떠올려 봐. 그리고 상상력을 발휘해서 아주 오래 전 인간들이 개의 조상들하고 사귀게 된 초기로 거슬러 올라가 보렴. 그때는 불도그고, 진돗개고, 치와와고 뭐 그런 품종들이 아직 없었겠지? 야생 시절로까지 거슬러 올라가면 확실히 더 그럴 거고. 그러니까 치와와의 부모, 또 그 부모의 부모, 이런 식으로 끝없이 과거로 올라가면 치와와가 아닌 개가 나오겠지?

음… 확실히 그럴 것 같아요.

반대로 미래 쪽도 그래. 치와와의 먼 후손 말이야. 언젠가는 치와와와 크게 다른 자손들도 태어날 수 있겠지? 물론 멸종할 수도 있겠지만 말이야.

🧒 네, 할아버지.

👴 짧게만 생각하면 진돗개의 부모도 진돗개고, 진돗개의 자손도 진돗개지. 하지만 스케일을 크게 해서 생각해 보면 얘기가 달라져. 진돗개의 먼 조상은 진돗개가 아니고, 진돗개의 먼 후손도 진돗개가 아닐 거라고. 개의 조상이 이리였는지, 자칼이나 늑대였는지는 나도 모르겠다. 어쩌면 몇 종류의 혈통이 섞인 잡종이었을 수도 있지. 하지만 이것만은 분명해. 개의 수많은 품종들은 대부분 사람들이 교배를 통해 만들어 낸 거야. 어떠냐? 이렇게 말하니 이번엔 창조론이 틀린 거 같지?

🧒 확실히 그러네요. 헤헤, 제가 너무 이랬다저랬다 하고 있나요?

자연에는 없는 것

👴 아니다, 아니야. 아무튼 생물들이 변화하는 능력은 참 대단해. 잘 교배만 해 주면 상상도 할 수 없었던 품종들이 마구 생겨나니까 말이야.

🧒 정말 그래요. 개도 그렇지만 장미의 종류가 그렇게나 많은 줄은 미처 몰랐어요.

🐛 그래, 새삼 놀랐을 거다. 내가 『종의 기원』 1장에 써 놓은 게 바로 그런 얘기야. 그리고 이렇게 결론을 내렸지. 종은 영원한 게 아니다. 새로운 종은 얼마든지 진화해 나올 수 있다.

🐹 아하!

🐛 우리 때는 동물이나 식물을 교배시키는 게 대유행이었거든. 거의 날마다 새로운 품종이 생겨날 정도였단다. 그래서 『종의 기원』을 원예와 사육 이야기로 시작한 거야. 1장부터 창조론이 틀렸고 진화론이 맞는다는 얘길 썼으면, 많은 독자들이 거부감을 가졌을 거야.

🐧 작전이 굉장히 치밀하셨네요.

🐛 하하하, 뭐 치밀할 것까지야.

🐧 그렇게 하시고 2장에서 자연 얘기로 넘어가신 거네요.

🐛 그래서 2장 제목이 '자연 상태의 변이'인 거지. 난 자연계에도 생물들의 변이가 얼마나 많고 다양한지 열정적으로 설명했어. 그리고 이렇게 썼지. 인간들이 노력을 해서 몇 백 년, 몇 천 년 만에 엄청난 품종들을 만들어 냈다. 그런데 자연의 역사는 얼마나 긴가? 수천만 년에서 수억 년은 족히 될 터이다. 그러니 그 긴긴 세월 동안 자연에서 새로운 품종들이 얼마나 많이 생겨났겠는가!

오우! 할아버지, 완전 멋있어요. 정말 맞는 얘기예요. 그게 바로 할아버지의 진화론이었군요.

땡!

엥! 아닌가요?

그래, 방금 내가 말한 논리에는 한 가지 약점이 있어. 치명적인 약점이!

뭔데요? 제가 듣기에는 아무 문제도 없는 것 같은데….

은수야, 가축과 작물의 품종이 어떻게 해서 엄청 다양해졌더라? 그냥 저절로?

아니죠. 사람들이 잘 교배를 해 주었기 때문이잖아요?

그래, 바로 그런 사람이 자연에는 없어. 그게 결정적인 문제야.

흠… 그런 사람이 없다?

독특한 특징이 있는 생물들끼리 짝짓기를 시켜 줄 전문가들 말이야.

그런 사람이 있으면 좋겠지만, 없으면 아예 안 되나요? 우연이라는 것도 있잖아요?

물론 새로운 빛깔이나 향기를 가진 장미들은 끊임없이 생겨날 거야. 생물도 변화하고 자연환경도 끝없이 변화하는 거니까.

바로 그거예요.

🦠 그런데 완전히 새로운 장미가, 그것도 엄청난 수의 장미가 갑자기 생겨날 수 있을까?

👩 그런 일은… 거의 불가능하겠네요.

🦠 그런 일이 몇 백 년이나 몇 천 년마다 한 번씩 계속 일어날 수가 있을까?

👩 그건 힘들 거 같아요.

🦠 맞아, 하느님 같은 존재가 몇 천 년에 한 번씩 창조를 해 주는 게 아니라면 말이야. 그러니까 자연계에서는 빛깔이나 향기가 약간 새로운 애들이 몇 송이 생겨나는 정도일 거라고. 그렇기 때문에 애들은 새로운 품종으로까지 발전할 수가 없어.

👩 그건 또 왜 그런가요?

🦠 왜냐하면 그런 애들만 골라서 교배시켜 줄 원예가가 없으니까. 걔들은 대부분 평범한 장미들과 가루받이를 하게 되겠지. 그럼 걔들의 특징이 어떻게 되겠니? 점점 약해지지 않겠어? 새로운 특징은 대부분 미미한 것일 테니 말이야. 은수야, 이게 바로 인간 사회와 자연의 차이란다.

👩 차이가 있긴 하겠네요.

🦠 그래서 창조론자들은 이렇게 말했단다. 자연계에서는 새로운 종이 생겨날 수가 없다. 원래 창조되었던 대로 자연은 영원할 뿐이

다. 물론 가축이나 작물들을 잘 교배하면 특이한 품종들이 생겨
난다. 그건 사실이다. 하지만 그건 자연스러운 생물들이 아니다.
따라서 야생으로 돌려보내면 모두 품종 개량 이전의 상태로 돌
아갈 것이다. 하느님께서 원래 창조해 주신 그 원종으로.

🧑 오호, 그거 말 되는데요.

💀 인간의 잔재주로는 일시적인 품종 개량밖에 못 일으킨다는 거
야. 대자연의 질서는 원래 창조되었던 그대로 영원하다는 얘기
지.

🧑 나름 일리가 있는 거 같아요.

💀 창조론이라는 거, 정말 만만치가 않았어. 그래서 난 굳게 결심했
지, 반드시 자연계에서 사육사나 원예사 같은 존재를 찾아내고
말겠다고.

🧑 그래서요, 결국 찾아내셨나요?

💀 물론이지. 그러니까 『종의 기원』을 썼지.

🧑 아 참, 그렇죠. 그래서 새로운 진화론을 창시하신 거죠? 와, 정
말 대단하세요.

💀 은수야, 그게 과연 누구였을까?

🧑 설마 우주인은 아닐 테고, 하느님도 당연히 아니고, 흠… 지능이
엄청 발달한 침팬지 같은 애들인가?

🧌 그게 뭐냐 하면… 그런데 미리 말해 둔다만, 이게 퍽 잔인하고 슬픈 얘기란다. 괜찮겠니?

👧 잔인하고 슬픈 이야기요? 그러니까 더 궁금한데요. 어서 해 주세요.

살아남기 위한 투쟁

🧌 이 세상 동식물들은 새끼들을 엄청 많이 낳지. 개구리, 개, 돼지 뭐 대부분 다 그래. 식물들은 훨씬 더하고. 당장 민들레 씨앗 개 수부터가 그렇잖아. 수박이나 포도 같은 과일 속에도 씨앗이 무지하게 많고.

👧 맞아요. 근데 할아버지, 이게 뭐가 슬픈 얘기예요? 많고 풍부하고 하여튼 좋은 얘기잖아요?

🧌 그래, 언뜻 생각하면 그렇지. 하지만 그렇게 많이 태어나면 어떻게 되지? 모두 다 잘 살 수는 없지 않겠어? 누군가는 잘 살아가지만 누군가는 일찍 죽겠지. 어떤 씨앗들은 채 피어 보지도 못하고 시들어 버릴 거고. 더 정직하게 말하자면, 소수를 제외하고는 대부분 어른이 되기도 전에 죽어 버리지.

🙂 어우, 갑자기 얘기가 확! 어두워지네요.

👴 그래서 얘기다만, 네가 늘 잊지 않았으면 하는 게 있단다.

🙂 늘 잊지 않아야 할 것?

👴 그래, 그게 뭐냐 하면 자연을 너무 평화롭게만 보면 안 된다는 거야.

🙂 아까 비글호 항해 얘기할 때 하셨던 말씀처럼요?

👴 그래, 어미 새들이 먹이를 주는 걸 볼 때도, 박물학자들은 먹혀 버리는 벌레를 함께 생각해야 해. 물론 거꾸로 자연을 너무 잔혹하게만 보아서도 안 되겠지. 사실 새들이 벌레를 잡는 건 어린 새끼들을 먹이기 위해서잖아?

🙂 할아버지의 충고를 명심할게요. 조금 슬프긴 하지만, 어쩐지 제가 좀 더 어른스러워지는 느낌이 드네요.

👴 약한 애들, 병든 애들은 더 쉽게 죽임을 당하지. 알이나 씨앗들은 한꺼번에 몰살당하는 경우도 흔하고.

🙂 ….

👴 매년 돌아오는 추운 겨울부터가 생물들에게는 만만치 않아. 내가 1854년 겨울에 나의 소유지를 조사해 보니 새들 중 80%가 죽어 버렸더라고. 전염병이 돌아서 10%만 죽어도 보통 일이 아닌데, 80%라면 거의 떼죽음 수준이야.

→ → 생존 경쟁 : 생물들의 일생은 늘 투쟁으로 가득 차 있다. 생존에 유리한 특징을 더 많이 가진 생물이 오래 살아남는다. → → →

🧒 정말 엄청나게 죽네요.

👴 천적들한테 잡아먹히는 경우도 아주 많을 거야. 그러니까 생물들의 삶은 참 고단한 거지. 추운 날씨, 오랜 가뭄을 모두 이겨 내야 하고, 천적들한테 잡아먹히지도 말아야 하고 말이야.

🧒 먹이를 구할 때는 또 반대겠네요. 꼭 성공을 해서 잡아먹어야 하니까요.

👴 그렇지. 그렇게 보면 생물들의 일생은 늘 투쟁으로 가득 차 있어. 그게 바로 생존을 위한 투쟁이라는 거지.

🧒 생존을 위한 투쟁?

👴 그래, 그 투쟁에서 지면 곧장 사망하는 투쟁. 흔히 생존 경쟁이라고도 하지.

🧒 아, 생존 경쟁요.

👴 그래, 그래서 3장 제목이 '생존 경쟁'이란다. 바로 이 생존 경쟁이 자연계의 원예가나 사육사 같은 거야.

🧒 그래요? 그건 잘 이해가 안 되네요.

🐛 그럴 거다. 그럼 이렇게 생각해 보렴. 그 치열한 생존 경쟁에서 어떤 애들이 살아남을까?

👧 아무래도 뛰어난 능력을 가진 생물이….

🐛 그래, 생존에 유리한 특징을 더 많이 가진 생물이 오래 살아남을 거야. 그런 애들이 짝짓기도 많이 하고 자손들도 더 번성하겠지. 반대로 불리한 특징들을 많이 갖고 있는 생물들은 더 일찍 세상을 뜰 거고. 이건 동물들만 그런 게 아니란다. 민들레의 씨앗에 그렇게 많은 털이 달린 걸 생각해 보렴.

👧 네? 그게 생존하고 무슨 관계가 있나요?

🐛 민들레 씨앗에 털이 없다고 생각해 봐. 그럼 씨앗들은 대부분 어미 민들레 밑에 **빽빽하게** 떨어질 거야. 그러면 어떻게 되겠니? 일단 싹이 텄을 때 뿌리 내리고 살 장소가 모자라. 양분하고 햇빛도 서로 차지하기 위해 피 튀기게 경쟁해야 하고. 그 결과 대부분은 피어나지도 못하고 끝장날 거라고. 그런데 씨앗마다 털이 많이 달려 있으니 바람에 실려 멀리 퍼져 가게 되지.

👧 맞아요. 빙글빙글 돌며 우아하게 날아가죠.

🐛 그렇게 뿔뿔이 흩어지니 경쟁자들이 대폭 줄어들어. 그래서 각각의 민들레 씨앗들이 번성하게 되는 거란다. 민들레에 털이 많은 이유는 바로 그 때문이야.

🧑 재밌네요. 만각류도 털이 많더니 민들레도 털이….

💀 하하하, 재밌어하는 걸 보니 물방개 얘기도 해 줘야겠구나. 물방개의 넓적한 다리에도 털이 나 있어. 물방개는 그 털 때문에 잠수를 잘 하지. 먹이 사냥할 때도 유리하고, 잡아먹으러 오는 동물들로부터 도망도 더 잘 치고.

🧑 겨우 털 같은 게 그렇게 중요하다니….

💀 그러니까 민들레나 물방개의 털은 그냥 우연히 생긴 게 아니야. 멋으로 달고 다니는 건 더더욱 아니고. 생존에 유리한 특징이기 때문에 진화한 거지.

🧑 재밌어요.

💀 재밌지. 하지만 털이 적게 달린 애들은 대부분 죽어 버리지. 그런 걸 생각하면 이 세상이 어둡게 느껴지기도 하지.

🧑 재밌는 게 아니라 끔찍하네요.

💀 그래, 이처럼 유리한 특징을 가진 생물들은 번성하고, 해로운 특징을 지닌 생물들은 제거된다는 것, 그게 바로 나의 자연 선택이론이란다.

🧑 아, 그게 바로 이런 얘기였군요. 그런데 왜 그런 걸 자연 선택이라 부르셨나요?

💀 그래, 그거 좀 이상하지? 『종의 기원』 출간 당시에도 그걸 많은

사람들이 이해하지 못했어. 유명한 과학자들도 그 용어를 반대
했지 뭐냐.

🙍 역시 그랬군요.

🧑 자연계에서 새로운 특징을 지닌 개체들은 한꺼번에 많이 안 태
어나잖니? 그래서 원래라면 걔들의 특징이 점점 더 강해지기는
불가능해. 하지만 실제는 안 그렇지. 유리한 특징을 가진 애들은

몇 배로 더 번성하게 되고, 불리한 특징을 지닌 애들은 대단히 힘들어진단다.

왜요? 조금 유리한 특징을 가진 생물은 살아가는 데 조금 유리한 거 아닌가요?

미안하지만, 그 얘긴 조금 있다 해야겠구나. 아무튼 유리한 특징을 가진 애들끼리 짝짓기 할 확률이 크게 높아져. 약간이 아니라 아주 많이! 마치 원예가나 사육사들이 유리한 특징을 가진 개체들끼리만 선택해서 짝짓기 시키듯이 말이야. 그래서 처음엔 미미하던 특징이 점점 더 강화되고 짙어지는 거지.

그렇단 말이죠?

이런 선택 과정이 자연계에서 자연스럽게 일어나거든. 그래서 그걸 자연 선택이라고 이름 붙인 거야.

자연 선택이라… 자꾸 들으니까 괜찮은 거 같은데요. 자연 선택? 자연스러운 선택! 왠지 신비스러운 느낌까지….

피로 물든 이빨과 발톱

그렇지만 슬프고 잔혹한 이름이기도 하지.

🧒 왜요?

👹 선택받지 못한 놈들은 제거되니까. 유리한 애들은 더 유리하게 만들어 주고, 불리한 애들은 좀 더 불리하게 만들어 버리거든.

🧒 누가요?

👹 자연스럽게 그렇게 된다니까.

🧒 아 참, 그러셨죠. 어떻게 그런 일이….

👹 거기에 자연환경이 심하게 나빠지기라도 하면, 불리한 애들은 가차 없이 제거당하지. 은수야, 아직 무슨 얘긴지 잘 모르겠지? 내가 쉬운 예를 들어 주마.

🧒 와, 다행이다. 마침 알 듯 모를 듯 하는 참이었어요.

👹 노루나 고라니 같은 애들, 너도 잘 알지?

🧒 그럼요. 정말 예쁘고 순해 보여요. 특히 걔들이 먼 곳을 말없이 바라볼 때는 정말 사랑스러워요.

👹 노루와 고라니는 크게 보면 사슴에 속하는 동물들이야. 사슴처럼 외모도 우아하지. 풀이나 나무뿌리, 어린 싹, 나무순을 먹고 살아.

🧒 그 순하게 생긴 애들이 나무뿌리 같은 걸 먹네요. 이빨도 약할 거 같은데.

👹 노루와 고라니는 소처럼 되새김질을 해. 그러니 딱딱한 먹이들

→ → *자연 선택 : 유리한 특징을 가진 생물들은 번성하고 해로운 특징을*

지닌 생물들은 제거된다. 이런 선택 과정이 자연계에서 자연스럽게 일어난다.

→ → →

도 잘 소화하지. 특히 보리 싹, 버들강아지, 고구마 싹 같은 걸

좋아해.

 은근히 능력 있네요.

게다가 달리기가 엄청 빠르지. 시속 7~80킬로미터를 달리니까.

오우, 그렇게나 빠른가요?

사람이 2~300미터 앞에만 나타나도 낌새를 알아채고 잽싸게 튀

어 달아나. 귀와 눈이 진짜 좋거든. 게다가 발굽이 말처럼 매우

딱딱해. 그래서 자갈밭이나 거친 땅에서도 마구 달아날 수 있는

거야. 은수야, 그런데 얘들은 왜 이런 특징이 많이 발달했을까?

약한 애들이니까요. 날카로운 이빨이나 발톱이 있는 것도 아니

고. 그러니까 맹수들이 근처에 나타나기만 하면 죽어라고 뛰어

야죠, 뭐!

맞아. 자, 이제 아까 했던 자연 선택 얘길 해 보자꾸나. 노루와

고라니들 중에 어떤 애는 다리가 좀 더 튼튼하고 어떤 애는 좀

더 약하고 그럴 수 있겠지? 발굽이 좀 더 튼튼한 애도 있고 조금은 약한 애도 있을 거고 말이야. 그래서 어떤 애는 달리기가 조금 더 빠르고 어떤 애는 좀 더 느릴 거라고.

그러겠죠.

그럼 맹수들한테 쫓길 때, 빠른 애와 느린 애는 차이가 나겠지. 물론 원래라면 그 차이는 미미해야 해.

그렇다고 하셨죠.

그렇지만 실제로는 차이가 좀 더 벌어져.

????

예를 들어서 느린 애는 맹수가 300미터 정도 다가오면 얼른 튀어야 해. 하지만 빠른 애는 맹수가 200미터 정도 다가왔을 때 튀면 돼. 은수야, 만일 이 둘이 같은 장소에서 풀을 뜯고 있다면 어떻게 되겠니? 빠른 애들은 훨씬 더 여유롭게 풀을 뜯어 먹을 수 있어. 왜냐하면 어차피 맹수한테는 느린 애가 잡아먹힐 확률이 높으니까.

그렇겠네요.

반면 느린 애는 자기가 맹수의 사냥감이 될 확률이 높다는 걸 알고 있어. 그래서 300미터 앞에 어떤 기척만 나도 잽싸게 튀어야만 해. 그러니까 맘 편히 풀 한번 제대로 뜯어 먹지 못할 거라고.

🙍 불쌍해요.

👺 그 결과 빠른 애는 좋은 풀들을 천천히 양껏 먹을 수 있어. 반면 느린 애는 별로 안 좋은 풀이라도 허겁지겁 먹어 둬야 해. 언제 또 먹게 될지 알 수 없으니까. 그래서 빠른 애는 점점 더 건강해지고 수가 많아져. 반대로 느린 애는 점점 더 쇠약해지고 수도 줄어들어. 당연히 달리기 실력은 더 차이가 나지.

🙍 그럴듯하긴 한데….

👺 결정적으로 겨울이 오면 어떻게 될까? 그것도 아주 추운 겨울에 눈이 많이 내리면?

🙍 으, 생각만 해도 추워요.

👺 노루와 고라니들이 많이들 굶어 죽어. 먹이가 눈 속에 파묻혀 찾기가 힘들거든. 먹이를 찾아 온 산을 헤매 다니지. 그러다 지치고 배고픈 노루들은 마침내 굶어 죽거나 다른 맹수들한테 잡아먹혀. 빠른 애들은 원래 빠른 데다가 평소 건강 상태도 좋아 잘도 도망 다니지. 그렇지만 느린 애들은 원래 느린 데다가 많이들 굶주려서 쉽사리 잡아먹혀. 추운 겨울에도 이렇지만, 심한 가뭄이 들었을 때도 상황은 비슷할 거야. 가뭄으로 풀이 2분의 1, 3분의 1로 줄어들었을 테니까.

🙍 느린 애들은 두 배, 세 배로 힘드네요. 불쌍해요.

🧑 슬프지만 좀 더 불쌍한 얘길 해야겠구나. 느린 노루들이 잡아먹힌다는 건, 빠른 노루들한테는 축복이야. 느린 노루의 불행은 빠른 노루의 행복인 거지.

👧 그건 또 왜 그런가요?

🧑 느린 노루들이 많이 죽으니까 걔들이 먹이를 축낼 일도 줄어들 거 아니냐? 그러니 빠른 노루들의 먹이가 더 풍부해진 셈이잖아.

👧 그래서 할아버지께서 그렇게 말씀하셨군요, 조금 유리한 애들이 실제로는 크게 유리하게 된다고?

🧑 그래, 원래는 10% 정도밖에 안 유리할 때도, 실제로는 3~40% 더 유리할 수가 있는 거지. 더 좋은 풀을 더 많이 먹고, 천적으로부터 더 오래 살아남고, 짝짓기도 더 많이 하지. 자식들도 더 많이 낳아. 물론 그 자식들의 건강 상태도 더 좋을 거라고. 이제 이해가 되니? 그러니까 노루가 엄청 빠른 동물로 진화한 것은 동료들이 많이 죽었기 때문에 가능했던 거야.

👧 진화가 꼭 좋은 것만은 아니에요. 게다가 같은 노루끼리….

🧑 그래, 노루의 최대 경쟁자는 천적이나 다른 동물들이 아니야. 바로 같은 노루들이지. 다른 노루보다 조금만 더 빠르면 돼. 추위나 배고픔을 다른 노루보다 조금만 더 잘 견디면 돼. 귀나 눈이 조금만 더 좋으면 돼. 반대로 다른 노루보다 조금만 느려도 위험

해. 아주 위험하지.

그렇군요. 저희 동네 학원에도 비슷한 말이 적혀 있어요. 너의 경쟁자는 바로 옆에 있는 친구다!

바로 그거야. 그럼 왜 같은 노루끼리 경쟁을 하는 걸까?

글쎄요. 전 그건 안 좋은 일이라고만 생각했지, 왜 그런지는….

그건 같은 종이라서 그래. 먹이도 같고 서식지도 같으니까. 텃세 행동도 그래서 하는 거지. 노루들이 주변 나뭇가지에 뿔을 비벼 대는 것도, 여기저기에 오줌을 누고 다니는 것도 다 텃세 행동이야. 자기 서식지에 감히 침범하지 말라는 거지.

으, 기분이 이상해요.

우리는 보통 같은 종류끼리는 협력하고 다른 종류와는 경쟁이나 대립을 한다고 생각해. 그렇지만 현실은 정반대일 때가 많아. 먹이가 같고 서식지가 같으니까 경쟁을 하지. 다람쥐는 도토리를 두고 다른 다람쥐랑 경쟁하지, 다른 새나 물고기랑 전혀 경쟁하지 않잖아? 그러니까 같은 종이야말로 경쟁자야. 그것도 생존의 경쟁자.

할아버지의 진화론은 정말 싸늘하네요.

약한 동물들만 그런 게 아니야. 맹수들도 상황은 똑같아. 달리기가 조금 더 빠른 애들이 그렇지 못한 애들보다 점점 더 유리해지지. 특히 흉년이 들어 노루나 고라니의 먹이가 줄어들고, 그래서 수도 줄어들었을 땐 말이야. 느린 애들은 사냥에 실패하다가 결국 굶어 죽어. 그리고 살아남은 맹수들은 점점 더 빠르게 진화하지. 빠른 노루들과 빠른 맹수들의 끝없는 속도 경쟁!

끝없는 속도 경쟁?

속도 경쟁만 하는 줄 아니? 나뭇잎을 먹고 사는 곤충들은 서로 녹색에 가까워지는 경쟁을 해. 그래서 그런 곤충들 중에는 녹색 곤충이 많은 거야. 나무껍질을 먹고 사는 곤충들은 회색이 많고.

아, 천적들 눈에 덜 띄니까….

그렇지. 녹색 나뭇잎을 먹고 사는 녹색 곤충들, 회색 나무껍질을 먹고 사는 회색 곤충들! 마치 자연에 누군가가 있어 환경의 색깔과 생물의 색깔을 일치시켜 준 것 같지 않니? 북극곰이 흰색인 것도 그런 이치야. 자연환경에 자연스레 어울리는 것들이 번성하는 거지.

북극곰이 흰색인 것도요?

그래, 어쩌면 옛날에는 색깔이 짙은 곰들도 없지는 않았을 거라고. 하지만 그런 애들은 사냥에 많이 실패했을 거야. 흰 눈 속에서 눈에 더 잘 띌 테니까. 그래서 점점 더 배고파지고 짝짓기 횟수도 팍팍 줄어들었겠지. 반대로 하얀색 곰일수록 더 많이 번성했을 거야. 그러니 얼마나 자연스러우냐? 하얀 북극에 하얀 곰. 아까는 속도 경쟁이었다면, 이번엔 색깔 경쟁이지. 이 경쟁도 아주 치열해.

🧑‍🦰 그것도 같은 종류끼리 경쟁하는 거잖아요. 너무 속상해요.

👤 사람들은 내가 너무 자연을 어둡게 본다고 비난했어.『종의 기원』에 나오는 생물들의 이빨과 발톱은 온통 붉은 피로 물들어 있다나 뭐라나. 그렇지만 내 책에 이런 내용들만 나오는 건 아니란다. 자연 선택 이론은 이게 전부가 아니야.

🧑‍🦰 그러셨을 거 같아요. 자연을 너무 잔인하게만 생각하는 것도 잘못이라고 하셨으니까요.

👤 당연하지. 자연에는 피비린내 나는 생존 경쟁만 있는 게 아니야. 은수야, 이제 3장 '생존 경쟁' 얘긴 그만하자. 4장 '자연 선택'으로 훌쩍 날아가 보자꾸나. 나를 매혹시켰던 자연 선택의 신비한 세계 속으로!

🧑‍🦰 와, 기뻐요!

찰스 다윈의 3종 세트

👹 우선 좀 신기한 얘기부터 해 볼까? 성 선택이라고도 하고 암수 선택이라고도 하는 얘긴데….

👧 암수 선택요? 그게 뭐예요? 뭔가 재밌을 거 같긴 한데….

👹 너 혹시 아프리카 사람들이 왜 피부가 검은지 아니?

👧 생각해 본 적은 없지만, 그거야 뭐… 무지하게 더운 지역에 사니까, 햇볕에 많이 타서 그런 거 아닌가요?

👹 흠, 너도 그렇게 생각하는구나. 당시 진화론을 주장하던 사람들도 그렇게 생각했지. 물론 창조론자들은 흑인들은 원래 그 모양으로 창조된 거라고 생각했어. 그래서 그렇게 비천한 색깔로 창조된 놈들은 노예로 써야 옳다고 말했지.

👧 창조론자들은 어쩔 수 없네요.

👹 그래, 창조론자들은 언급할 가치도 없지. 하지만 난 기후 조건으로 설명하는 진화론도 수긍이 안 되더라고.

👧 왜요? 그건 과학적인 주장 같은데….

👹 만일 그게 기후 때문이라면, 비슷한 위도 지역에 사는 사람들은 피부 색깔이 비슷해야 하잖아. 햇볕에 비슷한 정도로 태워졌을 테니 말이야.

🧑 그렇지 않나요?

💀 프랑스나 독일, 미국에 사는 백인들을 생각해 보렴. 위도는 너희 나라랑 비슷한데, 피부 색깔은 창백할 정도잖아? 넌 마치 잘 구워진 과자처럼 누런색인데.

🧑 정말 그러네요. 왜 이런 생각을 한 번도 못해 봤지? 아니, 그건 그렇고요, 그럼 할아버진 기후랑 피부색이 전혀 상관없다는 건가요?

💀 설마 상관이 없을 리야 있겠니. 하지만 내 말은 그것보다 더 중요한 게 있다는 거야.

🧑 그래요?

💀 이제부터 내 생각을 얘기해 줄 테니 너무 놀라지 마라.

🧑 얼마나 놀라운 얘길 해 주시려고 이렇게 폼을 잡으시나요?

💀 난 말야, 아프리카에 살던 인류가 짝짓기 상대로 밝은 피부보다는 상대적으로 어두운 피부의 사람들을 선호했다고 생각해. 그래서 자식들도 거무튀튀해지고, 이런 일이 오래 반복되다 보니 결국 흑인이 된 거라고 생각해.

🧑 뭐라고요?

💀 그래서 내가 너무 놀라지 말라고 말해 뒀잖니?

🧑 아니 이건 놀라운 게 아니라 말이 안 되는 거 같아서요. 짝짓기

상대로 왜 꼭 거무튀튀한 사람을 골라요? 아니 그보다도, 그렇
게 고른다고 정말 피부가 새카맣게 변할 수가 있나요?

🦠 허허허, 그래서 내가 이 이론을 발표했을 때, 사람들이 많이들
반대했지. 그렇지만 너도 동의하지 않았니? 기후 조건만으로는
피부 색깔을 설명하기 힘들다는 거.

👩 물론 동의해요. 그렇지만….

🦠 그렇지만 기후 조건 말고도, 우리가 아직 밝혀내지 못한 자연적

원인들이 있을 수도 있다. 이런 얘길 하고 싶은 거지?

🧑 네, 맞아요.

💀 그럴 수도 있겠지. 하지만 은수야, 나는 사람 피부 색깔만 보고 쉽게 판단한 게 아니란다. 아주 오랫동안 암수의 차이를 관찰하고 연구했어. 그 결과가 나의 암수 선택 이론이란다. 성 선택 이론이라고도 하고.

🧑 대체 어떤 연구를 어떻게 하셨길래 그런 이상한 결론을?

💀 은수야, 정말이지 암컷과 수컷은 달라도 한참 다르지 않니?

🧑 그건 맞아요.

💀 원앙이나 공작 같은 새들도 암수가 얼마나 다르니? 청둥오리들도 수컷들은 대단히 화려하고 아름답지. 반면 암컷들은 무슨 재를 뒤집어쓰고 태어난 것도 아니고. 왜 그 지경으로 생긴 걸까?

🧑 하하하, 재를 뒤집어쓰고 태어났다고요?

💀 물론 암수가 약간만 다른 경우는 별로 이상할 게 없었어. 그냥 우연일 수도 있으니까. 하지만 크게 다른 경우는 대체 어떻게 된

거지? 생각할수록 알쏭달쏭하더라고. 그래서 공작, 원앙, 청둥오리 같은 새들을 끊임없이 관찰하고 생각해 봤지. 그러다….

🙍 마침내 뭔가를 발견하셨군요?

🧔 맞아, 그게 바로 성 선택 이론이란다. 내 얘기는 암컷들이 자신들과 아주 다른 특징을 가진 수컷들을 선택해서 짝짓기를 한다는 거야. 여성들이 남성다운 남성을 선택했다고 생각해도 좋겠구나. 이런 과정이 오랫동안 반복된 결과 암컷과 수컷의 차이가 크게 벌어졌다는 거지. 물론 수컷들이 암컷을 선택하는 경우도 간혹 있지만.

🙍 이상하네요. 말씀을 더 들어 봐도 여전히 이해가 안 돼요.

🧔 인간이 교배시켜 새로운 품종을 만들어 내는 건 인간 선택, 자연계에서 자연스레 이루어지는 건 자연 선택, 그리고 암컷이 수컷을 혹은 드물지만 수컷이 암컷을 선택해서 이루어지는 건 암수 선택! 어떠냐, 내가 만들었지만 정말 괜찮은 거 같지 않니? 찰스 다윈의 3종 세트!

🙍 말만 괜찮으면 뭐해요, 이해가 안 되는데….

🧔 난 네가 이해 못 하는 게 충분히 이해가 된다.

🙍 뭐예요, 말장난만 치시고?

🧔 사실은 월리스도 죽을 때까지 성 선택 이론에는 반대를 했단다.

👧 아! 그 월리스요?

👴 그래, 진화론 논문을 나한테 부쳤던 그 월리스. 그 사람도 그랬다니까. 너도 그렇지, 괜히 골치만 아프고 이해는 잘 안 되고? 게다가 말로만 들으니까 더 그럴 거다.

👧 네, 전 할아버지를 만났을 때, 진화론의 증거들을 촤좌좍! 날려주실 줄 알았어요. 누가 봐도 확실한 진화론의 증거를 많이 갖고 계신 줄 알았다고요. 한데 그렇긴커녕 성 선택 이론같이 이상한 얘길 듣게 될 줄이야.

👴 실망시켜서 미안하구나. 내가『종의 기원』을 쓸 때까지는, 아니 그 후로도 오랫동안 그런 명백한 증거 따위는 없었어. 그래서 난 수많은 사례들을 들어 독자들을 설득하려고 무진 애를 썼지.

👧 그러셨군요. 전 막연히『종의 기원』에 그런 증거들이 들어 있을 거라고 믿었지 뭐예요.

👴 그랬으면『종의 기원』이 500페이지나 될 필요가 없었겠지. 하지만 확실한 증거가 없으니 별수가 없더구나. 끊임없이 사례들을 제시하면서 독자들을 최대한 설득할 수밖에. 그토록 힘겨운 일을 어떻게 해낼 수 있었는지, 내가 해 놓고도 믿어지지 않는구나.

개성파 곤충이 만들어 내는 새로운 세계

🐞 은수야. 이제 우리 머리 좀 식히자꾸나. 아름다운 봄날에 우리가 너무 딱딱한 얘기만 한 거 같다. 마침 여기까지 왔으니 우리 동네 풍경도 좀 감상해 보렴.

👧 따뜻하고 여유로운 농촌이에요. 할아버진 참 좋은 데 사셨네요.

🐞 봄철의 들판은 언제나 따스하고 풍요롭지. 저기 저 붕붕거리며 날아다니는 곤충들 보이지? 쟤들, 지금 뭔가 두리번거리고 있는 거 같지 않니?

👧 맛있는 꿀을 찾으려는 거겠죠.

🐞 그래, 벌, 나비 그리고 나방, 벌새들까지 저 달콤한 들판 속을 날아다니는구나. 각자 좋아하는 꿀과 꽃가루를 찾아서 말이야. 은수야, 마치 꿈속의 풍경 같지 않으냐? 난 이런 풍경을 보면 늘 넋을 잃곤 했단다.

👧 녀석들, 참 열심히도 꿀을 모으고 있네요.

🐞 그럴 수밖에. 꽃은 대부분 꿀을 제 몸 깊숙이에 숨겨 두거든. 그래서 곤충들이 그 꿀을 먹으려면 주둥이를 꽃 안쪽으로 깊숙이 집어넣어야만 해. 거의 몸이 빨려 들어갈 정도로 말이야. 그렇게 깊숙이 들어가 꿀을 맛있게 빠는 동안 식물의 수술에 있던 꽃가

루들이 곤충의 머리에 철썩 붙어 버려.

아! 그거 저도 알아요. 거기서 꿀을 다 먹고 나면 또 다른 꽃으로 가잖아요. 가서 주둥이를 또 집어넣을 때, 머리에 붙어 온 꽃가루가 이 꽃의 암술에 붙죠. 그래서 꽃가루받이가 이루어지는 거고요.

딩동댕! 잘 아는구나. 이런 식물들을 충매화(蟲媒花)라고 하지. 곤충이 중매를 서서 짝짓기가 이루어지는 꽃들이란 뜻이야.

말이 참 재밌네요.

그렇지? 충매화가 진화되기 전엔 바람이 중매를 섰지. 걔들은 엄청난 꽃가루를 만들어 바람이 많이 부는 날 온 세상에 흩뿌린단다. 대부분은 그냥 흩어져 버리지. 하지만 아주 극소수는 자기와 같은 종류의 꽃들 위에 앉기도 해. 그러면 짜잔, 꽃가루받이가 이루어지는 거지. 이게 바로 풍매화(風媒花)란다.

풍매화는 낭비가 심하겠네요. 꽃가루들이 대부분 헛되이 땅 위에 뿌려지니까요.

허허, 그런가? 난 풍매화들이 지구의 온 들판에 맛있고 향기로운 꽃가루를 선물해 준다고 생각하고 싶구나. 태양도 자기의 열과 빛을 온 우주에 아낌없이 뿌려 주잖니? 그래서 지구의 온갖 생물체들이 쑥쑥 자랄 수 있는 거고. 마구 퍼 주는 거, 그게 사랑이고 자비란다.

🧑 태양이 사랑과 자비를?

💀 우리가 태어나 살아가는 자연계는 치열하게 싸우는 곳이기도 하지만 무한히 자비로운 곳이기도 해. 그런데 은수야, 그럼 풍매화보다 충매화 쪽이 낭비가 덜할까?

🧑 음… 꼭 그렇지도 않겠네요. 곤충이 꼭 같은 종류의 꽃 위에만 앉지는 않을 테니까요.

💀 물론 그러란 법은 없지. 그렇지만 곤충들도 입맛이 다 다르지 않겠어? 사람들도 그런 것처럼 말이야. 그러니까 곤충들마다 찾아다니는 꽃 종류가 따로 있을 거라고. 그러면 꽃들도 자기랑 비슷한 종류의 꽃가루를 받게 되겠지.

🧑 그럴 수도 있겠네요.

💀 난 이런 생각도 해 봤어. 곤충들도 입맛이 변하지 않을까?

🧑 별 생각을 다 해 보셨네요. 어떻게 그런 생각을?

💀 마흔 살 때쯤이었던 거 같은데, 어느 순간 내 입맛이 변했다는 걸 느꼈어. 예전엔 안 먹던 짜고 신 음식이 갑자기 당기더라고. 입맛이라는 게 평생 똑같지 않다는 걸 그때 알았어.

🧑 오호, 그렇군요.

💀 곤충들도 마찬가지가 아닐까? 걔들이나 나나 동물이긴 마찬가

지 아니니? 그럼 곤충들의 입맛도, 아니 곤충들은 부리 맛이라
고 해야 할까? 아무튼 곤충들의 부리 맛도 나처럼 변할 수 있지
않겠어? 새로운 향기나 맛에 쉽게 매혹되는 놈들은 특히 그렇겠
지. 아무튼 별별 취향들이 다 있을 거라고.

이야, 할아버지 얘길 듣다 보니 저도 그런 곤충들이 막 상상이
돼요.

내 상상은 거기서 그치질 않았어. 은수야, 만일 곤충들이 그렇다
면 꽃들은 어떻겠니?

꽃들이야 뭐….

꽃들한테 취향이라는 게 있는지는 모르겠다만, 꽃들도 곤충들
못지않게 다양하지 않겠어? 향기도, 꽃의 색깔이나 무늬도, 또
꿀의 맛도 모두 다를 거야. 때로는 전에 없던 새로운 향기나 색
깔, 맛을 지닌 식물들도 생겨나겠지.

생물은 늘 변화하고 자연환경도 늘 바뀌니까요?

🐛 그렇지. 그러니 우리 함께 이런 상상을 해 보자. 자, 일단 어떤 씨에서 자라난 꽃 중에 사뭇 새로운 향기와 맛을 지닌 것들이 있다고 해 보자. 그런 일이 종종 일어날 테니까 말이야. 아마도 그런 꽃을 찾는 곤충들은 변덕이 심하거나 새로운 걸 추구하는 곤충들일 거야. 그런 곤충들이 새로운 꽃의 향기와 맛을 경험해 보니까 완전 황홀한 거야. 만일 그렇다면 어떤 일이 벌어질까? 조금 있다가 그 새로운 꽃과 비슷한 꽃을 또 발견하면 어떻겠냐고?

👩 빽! 가겠네요.

🐛 그럼? 그럼 그 다음엔 또 어떻게 될까? 그런 일이 몇 번 반복되면 그 곤충은 자기를 매혹시킨 종류의 꽃들을 찾아다니지 않겠어?

👩 ?

🐛 물론 처음엔 그런 새로운 종류의 꽃이 아주 많진 않을 거야. 하지만 새로운 꽃에 매혹된 곤충이 부지런히 돌아다니면서 점점 더 활발하게 꽃가루받이를 하게 될 거라고. 그러면서 점점 더 수를 불려 갈 테지. 한편 그 개성 있는 곤충들 쪽은 어떨까? 변덕이 심하거나 새로운 걸 추구하는 그 곤충들 말이야?

👩 걔들도 점점 더 번성할 거 같아요.

🪲 홧! 어떻게 알았지? 너 정말 대단하구나. 은수야, 그걸 어떻게 알았니?

🧑 그냥 왠지….

🪲 뭐야, 그냥 찍어 본 거란 말이야?

🧑 아니 뭐 그렇다기보다도, 음… 동물적 감각 같은 거? 어차피 저도 곤충들과 마찬가지로 동물이잖아요.

🪲 하하하, 녀석도 참. 그래, 보통 다른 곤충들은 그런 희한하고 새로운 식물에 관심이 없을 거야. 그런 냄새만 맡아도 고개를 돌리거나. 그렇게 되면 개성파 곤충들은 자기가 좋아하는 꽃들을 독차지하게 되지. 다른 곤충들은 대부분 비슷한 먹이들을 먹으니까 경쟁이 치열할 거라고. 하지만 개성파 곤충들은 먹을 게 넘쳐 나겠지. 얘들은 다른 애들이 먹는 것도 얼추 먹을 수 있어. 게다가 다른 애들이 못 먹는 것도 맛있게 섭취할 수 있으니까.

🧑 그럼 새로운 식물하고 개성파 곤충들이 서로서로 도우면서 무지하게 번성하겠네요.

🪲 맞아, 어떤 개성파 곤충의 입맛이 변하면 그 입맛에 맞는 식물들이 새로 진화하기 시작해. 반대로 독특한 특징을 가진 식물이 생겨나면 그 맛에 매혹되는 새로운 곤충들이 진화하기 시작하지. 그들은 서로 선택하고 선택받으면서 급속도로 진화하는 거야.

우리가 보고 있는 저 들판이 그렇게 만들어진 거란다.

할아버지는 과학자가 아니라 시인이나 화가 같으세요.

식물과 곤충들은 오랜 세월 동안 서로 매혹하고 매혹당해 왔지. 그러면서 화려한 빛깔과 향기의 오페라가 연출된 거야. 이것이 바로 자연계에 충만한 자연스러운 선택이지. 때론 새로운 식물들이 곤충들을 선택하고, 때론 입맛이 변한 곤충들이 특이한 식물들을 선택했어.

매혹하고 매혹당했다는 게 전 제일 멋있어요.

나도 그렇단다.

할아버진 정말 상상력이 풍부하세요.

고맙구나. 이렇게 인정해 줘서.

하지만….

하지만?

할아버지 말씀은 왠지 예술가들이 하는 얘기 같아요. 암컷들이 선택한다거나, 특히 식물들이 선택한다고 하는 말씀은 좀….

그래, 그래서 내 얘기에 찬성하지 않은 사람들도 많았어. 도시락 싸 갖고 다니면서 반대한 사람들도 있었지. 내 이론의 맛이 너무도 새로워서 사람들 혀에 너무 떫었다고나 할까? 원래는 엄청 많은 사례를 들이대며 설득을 해야 했지. 하지만 『종의 기원』

에서는 조금밖에 쓸 수가 없었잖니? 그러니 선택하는 사건과 선택되는 사건이 자연계에 충만하다는 말이 너무 어색하게 들리는 거지.

🧑‍🦰 저도요. 멋있긴 한데 좀 어색해요.

👤 그렇지만 난 오랜 세월 동안 수도 없이 보았어. 무수한 식물들과 곤충들이 매혹하고 매혹당하는 풍경을! 지구에서 수억 년 동안 진행되어 온 진화의 드라마들을!

🧑‍🦰 개, 장미, 기린에서부터 시작해서 사람 피부색, 공작, 청둥오리, 원앙, 그리고 곤충과 꽃들까지… 할아버지가 들려주신 이야기는 아름답고도 신비해요. 하지만 어떤 말씀은 황당무계하게 들리기도 해요. 그러니까 이걸 다 더하면….

👤 다 더하면?

🧑‍🦰 이젠 뭐가 뭔지 모르겠어요.

👤 하하하, 그걸로 충분히 훌륭하다. 뭔가 새롭게 생각해 볼 수 있게 되었으니까.

🧑‍🦰 맞아요. 제 궁금증이 모두 풀린 건 아니지만요. 이제부터는 숲속에서든 거리에서든 모든 생물들을 새로운 마음으로 보고 싶어요.

👤 그래, 그게 바로 박물학자의 마음이야.

🧑‍🦰 제가 할아버지 얘기에 찬성하지 않았는데도 별로 서운하지 않으

세요?

🧔 서운하긴. 과학에서 젤 중요한 건 정답을 잘 이해하는 게 아니야. 과학은 끊임없는 호기심과 놀라움이야. 낯선 생각을 대담하게 펼쳐 보는 모험이라고. 얼마나 신나고 가슴 벅찬 일이냐? 그런 모험가야말로 자연계의 뭇 곤충이나 꽃들 못지않게 아름답고 놀라운 생물이지. 은수야!

👧 네?

🧔 지금 네 모습이 바로 그렇단다.

8장

벌레를 잡아먹는 식물,
움직이는 식물

식물에 매혹된 다윈

평생 아프셨다는 다윈 할아버지. 그런 어려움 속에서도 자연을 사랑하며 열심히 연구하셨어. 그래서 마침내 독창적인 진화론을 만드셨고. 어둡고 슬프고 근사한 진화론! 다윈 할아버지가 연구하신 얘길 들으면 막 부럽기도 하지만 외롭고 힘겨운 느낌도 든다. 이것이 훌륭한 인물들의 삶이라는 걸까? 만약 내가 이런 삶을 산다면 과연 나는 행복할까?

🧑 전 진화론 하면 주로 동물들을 생각했었어요. 날카로운 호랑이 이빨이라든가, 박쥐의 날개 같은 거요. 한데 말씀을 듣고 보니 식물들도 엄청난 드라마의 주인공이었네요.

👴 식물들은 매혹덩어리리니까. 심지어 곤충들하고도 열정적인 관계를 맺지 않니? 꽃이나 풀, 나무하고 함께 있으면 난 늘 편안하고 기분이 좋았어.

🧑 몸이 자주 아프셨으니까 관찰하시기도 더 좋았을 거 같아요.

👴 그래 맞아. 내가 식물에 대해 놀라운 연구를 하게 된 것도 아픈

거랑 관련이 있지. 의사가 하루에 두 시간 이상 집중적인 정신 활동을 하지 말라고 해서 말이야.

하하하, 그거 우리나라 청소년들이 가장 듣고 싶어 하는 말이네요. "하루에 두 시간 이상 공부하지 마, 또 그러면 너 정말 혼날 줄 알아!", "계속 그렇게 열심히 공부할 거면, 집구석에서 당장 나가! 꼴도 보기 싫어." 하하하, 상상만 해도 웃겨요.

저런! 너 같은 청소년들, 공부 스트레스가 이만저만이 아닌가 보구나. 그렇지만 우리 애들은 더 불쌍했단다. 공부하란 말 한 번 제대로 못 해 봤거든.

왜요?

왜긴? 하나같이 어찌나 그리도 병약하던지…. 지금 말하려는 식물 연구도 처음에는 내 쪽이 아니라 우리 딸 때문이었단다.

누구요?

평생 병약했던 셋째 딸 헨리에타였지. 내가 『종의 기원』을 출간하고 이듬해 여름이었으니까, 그래 1860년 여름이었어. 책을 쓰느라 나도 어지간히 지쳐 있었지. 게다가 헨리에타까지 아프길래, 아예 긴 여름휴가를 떠났단다.

그랬는데요?

거기서 난생처음 보는 식물과 딱 마주친 거야. 식충(食蟲) 식물인

162

끈끈이주걱을 보게 된 거지.

🧑 식충 식물이라면 그 벌레잡이 식물 말인가요? 벌레를 잡아먹는….

🧔 이야, 너 정말 대단하구나. 생물에 대해서 어떻게 그리 잘 알 수가 있니? 아까는 스마트폰인가 뭔가 덕분이라고 했다만, 그것만은 아닌 것 같구나.

🧑 아, 저희 학교에 생태 수업이 많거든요. 게다가 일주일에 사흘은 동네 산을 타고 등교하고요. 신체 단련도 할 겸. 그래서 자연, 생태 이런 쪽은 좀 익숙한 편이에요.

🧔 오호, 은수야, 아까도 살짝 궁금했다만, 네가 다닌다는 그 학교, 좀 특별한 학교 아니냐?

🧑 히힛! 티가 나나요? 실은 대안 학교에 다녀요.

🧔 역시 그랬구나. 대안 학교라면 뭔가 특징이 있을 텐데….

🧑 음… 우선, 과목하고 교과서가 정해져 있질 않아요. 뭘 공부할지, 어떤 방식으로 공부할지, 그런 걸 선생님들하고 저희가 함께 의논해서 결정을 하죠.

🧔 흠, 그런 학교가 다 있구나.

🧑 많은 지식을 쌓는 것보다는 자연스레 호기심이 일어나는 게 더 중요하니까요. 아, 그리고 교육은 자연 속에서, 마을 사람들과

함께 이루어져요. 그러니 생태 프로그램이 많을 수밖에요.

🧒 이제 이해가 되는구나. 어쩐지….

👧 일주일에 한 번은 식사도 우리가 준비해요. 우리 학교 몇 년 다니면 밥하는 거 선수가 되죠. 올 초엔 신입생 입학식도 저희 선배들이 준비해서 치렀어요.

🧒 우리 영국에도 별별 색다른 학교들이 다 있다만, 너희 학교도 꽤나 개성 있는 학교구나.

👧 네, 부모님들도 학교를 함께 운영하세요. 저희 아버지도 학교 공사에 종종 참여하시고요.

🧒 공사에도 참여를? 대단하구나.

👧 하하하, 거창한 공사도 있지만요, 대부분은 여름에 쓰는 방충망이나 샤워장 같은 거 만드는 거예요. 겨울에 쓸 난로를 청소하기도 하죠. 그보다 더 쉬운 것들이야 물론 저희들이 하죠.

🧒 활기찬 마을 학교가 떠오르는구나. 기분이 좋아지네.

👧 앗! 이런 실수를. 제 얘길 너무 많이 했네요. 할아버지같이 특별한 분을 직접 만났는데 말이죠.

🧒 원 녀석도. 한창 재밌었는데 왜 그러냐?

👧 아니에요. 아까 얘기가 더 재미있어요. 식충 식물 얘기요, 어서 해 주세요.

식물한테 독을 풀어요?

🧑 쩝, 그러자꾸나. 그때 여름휴가를 가서 끈끈이주걱을 봤어. 그 녀석은 파리를 먹더구나. 그래서 매일 파리를 잡아 주면서 끈끈이주걱을 길렀지. 어떤 때는 거미도 잡아서 줘 봤어. 나중에는 끈끈이주걱 잎 위에 이것저것 마구 줘 봤지. 종잇조각, 말린 나무껍질, 가죽 조각, 이끼 덩어리 할 것 없이 말이야.

완전히 몰입하셨나 봐요. 한데 그건 뭘 연구하기 위해서였나요?

연구고 뭐고 일단 신기하고 놀랍잖아? 나중에 알게 된 거다만, 식충류 중에는 도마뱀이나 들쥐까지 잡아먹는 애들이 있더라고. 세상에, 육식 식물이라니!

하하하! 육식 식물요? 말이 웃겨요.

웃기지? 하지만 진화론에서는 딱히 이상한 말이 아니야. 어차피 모든 동물들은 아득한 옛날의 어떤 조상에서 갈라져 나왔을 거라고. 식물들도 마찬가지로 태곳적 조상이 있을 테고. 더 거슬러 올라가면 동물과 식물의 공통 조상도 있겠지. 그럼 결국 식물과 동물은 같은 조상의 후손들인 거야. 그러니 공통점이 많을 수밖에.

그게 그렇게 되나요?

난 끈끈이주걱을 본 순간, 식물로 위장한 동물을 본 듯했어. 아니면 동물처럼 움직이는 식물이랄까? 정말 신이 났어. 그래서 더 희한한 실험도 해 봤지.

더 희한한 실험?

내 침이나 오줌도 먹이로 줘 봤어. 그뿐 아니야. 약물과 화학 약품도 줘 봤지.

아이, 할아버지! 잔인해요. 더럽기도 하고요.

마취제인 클로로포름을 주었을 때는 잎이 완전히 마비되더구나.

마치 동물처럼 말이야. 그때 퍼뜩 깨달았지, 내가 이 식물을 죽일 수도 있다는걸. 그래서 비소, 사리풀독 같은 독극물도 줘 봤어.

으악, 할아버지! 아무리 연구도 좋지만 그런 짓까지 하시다니….

미안하다. 그때 난 거의 미쳤던 것 같아. 마치 끈끈이주걱에 사로잡힌 곤충 같았지. 무척 경이로워서 빠져나올 수가 없었어.

할아버진 한편으론 멋있기도 하지만 또 어떻게 보면 무섭기도 해요.

멋있기도 하고 무섭기도 하다면… 무시무시하게 멋있는 건가?

칫, 썰렁해요. 별로 안 웃겨요.

그래그래 알았다. 그건 그렇고 식충 식물 중에 병자초라고 있거든. 얘들이 또 재미있단다.

🧑 병자초요?

👴 그래, 병자초들은 긴 통처럼 생겼는데, 안쪽 깊숙이 향기 나는 꿀샘을 마련해 둬. 벌레들이 접근하도록 유혹하는 거지. 벌레들이 입구를 지나 조금씩 안으로 들어오다 보면 쭉 미끄러져 풍덩! 빠져 버려. 그러고 나면 병자초에서 소화액이 분비되고 그다음은….

🧑 그다음은 어떻게 돼요?

👴 어떻게 되긴, 그냥 소화되는 거지. 사실 이 소화액이라는 거, 독한 화학 물질이란다. 그러니까 사실은 병자초가 나보다 더 나쁜 녀석이지, 흠흠. 더 재미있는 건, 그 병자초 입구에 개구리가 기다리고 있었다는 거야. 끌려 들어가는 벌레를 가로채려고. 그 개구리 표정이 어찌나 귀엽던지.

🧑 아우, 저도 보고 싶어요.

👴 뭐야, 날 비난하더니. 거봐라, 얘기를 듣다 보니 너도 더 알고 싶지?

🧑 앗! 저도 모르게 어느새. 그렇지만요, 병자초나 개구리는 그렇게 먹고살도록 태어난 생물이잖아요. 할아버진 독약이나 화학 약품을 일부러 풀어 넣으신 거고요.

168

뭐 그야 그렇지. 내가 연구를 너무 좋아하다 보니 그만. 게다가 우리 딸도 많이 아프고…. 그래서 앞뒤 안 가리고 연구에 파묻힌 거 같아. 심지어 내가 아플 때도 그랬으니.

할아버지가 아플 때도요?

막대기를 귀신같이 찾아내는 덩굴손

🧑 내 생애에 가장 건강이 안 좋았을 때가 두 번 있었어. 한 번은 1844년, 그러니까 35세 때였지.

👩 아! 유서까지 써 놓으셨다던 그때….

🧑 그래, 그랬었지. 또 한 번은 1863년부터, 그러니까 54세 때부터 몇 해 동안이었어. 그때 참 지독히도 아팠지. 거의 하루 종일 침대에 누워 있다시피 했지. 식사도 겨우겨우 하고 나머지 시간은 창으로 비쳐드는 햇볕이나 쪼이면서 지냈지. 그래서 시작하게 되었어.

👩 아니 그렇게 아프면 그냥 쉬셨어야죠, 또 뭘 시작하셨어요?

🧑 글쎄 내가 침대에 식물처럼 누워 있는데 창가에 뭔가가 눈에 들어오는 거야.

👩 창가에 뭔가가?

🧑 그게 바로 덩굴 식물이었어. 누워서 걔들을 가만히 보고 있는데 덩굴손이 손가락처럼 움직이더라고. 한 정원사는 이렇게도 말하더라. "주인님, 이 덩굴손은 눈입니다요. 제가 이런 식물들을 심을 때마다 봤는데요, 친친 감을 막대기를 자기 주변에서 귀신같이 찾아낸다니까요."

> → → 동물과 식물은 한 조상에서 갈라져 나왔기에 공통점이 꽤 많다.
> 동물처럼 벌레를 잡아먹는 식물인 끈끈이주걱, 동물처럼 움직이는 식물인
> 덩굴손이 그 증거이다. → → →

🧑 찾아낸다고요?

👩 그래, 그 뒤로 나도 자세히 관찰해 봤어. 그 정원사 말이 정말 맞더라고. 덩굴손이 주변을 휘휘 돌다가 적절하게 방향을 잡아 간다는 느낌이 확연히 들더라니까. 그걸 손이라고 부르든 눈이라고 부르든 아무튼 굉장히 흥미로웠어.

🧑 덩굴 식물이 그렇게 움직이는군요.

👩 너희 나라에도 덩굴 식물이 많으냐?

🧑 그럼요. 덩굴장미도 있고 또 나팔꽃도 있어요.

👩 나팔꽃? 너희 나라에도 그 꽃이 살고 있구나. 영어로는 그 꽃을 '모닝글로리', 그러니까 아침의 영광이라고 부른단다. 일본 사람들은 '아침의 얼굴'이라고 부른다더구나.

🧑 같은 식물이라도 이름이 다 다르네요.

👩 그래, 덩굴 식물들 중엔 맛있는 것들도 아주 많지.

🧑 한 가지는 저도 확실히 알아요. 고구마요. 학교에서 심어 본 적

도 있어요. 저는요, 고구마 정말 좋아해요. 쪄 먹어도 맛있고요, 구우면 군고구마, 튀기면 고구마튀김, 물론 날로 먹어도 맛있죠. 고구마는 정말 최고예요.

고구마 광팬이로구나.

제가 너무 흥분했나요, 흠흠.

아니다 아냐. 충분히 그럴 만해. 어디 고구마뿐이겠니? 오이, 참외, 수박, 머루, 호박, 포도….

우와, 정말 많네요.

오미자, 박, 복분자딸기나 더덕 같은 것도 다 덩굴 식물 아니냐?

그렇게나 종류가 많으니, 또 연구의 열정이 마구 뻗치셨겠어요.

다행이지 뭐냐. 덩굴 식물들과 사랑에 빠진 덕분에 고통스러운 시절을 그런 대로 견딜 수 있었거든. 관찰하고 연구한 결과를 정리해서 글도 발표했고.

정말이지 할아버지는 연구 중독자세요. 아무도 못 말리는 연구 중독자.

식충 식물의 식사법

🧓 그렇지만 식물 연구는 일단 그걸로 끝이었어.

👧 왜요, 병이 더 심해지셨나요?

🧓 아니, 그런 건 아니고… 식충 식물하고 덩굴 식물에 대해 논문을 발표하고 나니 내가 더욱 유명해져 버린 거야. 그래서 손님들도 많이 오고, 유명한 정치가나 뭐 그런 사람들이 하도 만나자고 애원들을 해서….

👧 어유, 알았어요. 오죽하셨겠어요?

🧓 너무 티 나니? 흠흠….

👧 푸힛! 그 정도는 아니에요. 그래서요?

🧓 그래서 한동안은 걔들을 관찰하고 돌볼 여유가 없었지. 하지만 나이가 들면서 식물이 점점 더 좋아지더구나. 그래서 바쁜 일들을 대략 처리하고 예순셋인가 넷인가 그때부터 다시 식충 식물들 곁으로 돌아왔지.

👧 정말 식물을 사랑하셨군요. 그런데 뭐 더 연구하실 게 남아 있었나요?

🧓 남아 있다마다. 나는 일단 식충 식물들이 벌레를 잡기 위해 무슨 짓들을 하는지 자세히 관찰하기 시작했어.

🧒 식충 식물들이 하는 짓?

👨 식물들의 독창성에는 끝이 없더구나. 익사시키는 식물, 마취시키는 식물, 감싸거나 끈적거리는 물질로 꼼짝 못 하게 하는 식물 등등. 식충 식물들은 그야말로 멋진 식물, 아니 아주아주 영리한 동물이었던 거야.

🧒 익사? 마취? 그건 완전 사람 수준인데요.

👨 그런데 말이야, 너 이런 거 궁금한 적 없었니? 식충 식물이 벌레를 잡으면 어떻게 먹는지….

🧒 어? 그런 생각을 못해 봤네요.

👨 난 식물이 대체 먹이를 어떻게 소화하는지, 그걸 꼭 알고 싶었어. 그래서 더 크고 성능 좋은 현미경을 구입했지.

🧒 그랬더니 뭐가 보이던가요?

👨 아무것도.

🧒 저런….

👨 대실망이었지. 당시 과학자들은 양분을 흡수하는 건 뿌리뿐이라고 생각했어. 잎은 그러지 못한다고 생각했지.

🧒 하긴 잎은 빗방울이나 햇빛 같은 거만 흡수를….

👨 그래, 그럴 거 같지. 그런데 은수야, 너 혹시 *끈끈이주걱* 잎에 털이 무성하게 나 있다는 거 아니?

🧒 그럼요. 한데 왜 갑자기 또 털 얘기를….

💀 난 그 털이 혹시 그 식물의 특이한 뿌리가 아닐까 상상해 봤어.

🧒 네? 털이 뿌리라고요?

💀 뿌리란 게 꼭 땅속으로만 파고들란 법은 없지 않니?

🧒 어떻게 그런 생각을….

💀 만일 식충 식물의 털이 뿌리 같은 거라면, 양분을 흡수할 수도 있는 거 아냐?

🧒 그야 그렇겠지만, 너무 지나친 상상인 거 같아서….

💀 그래, 일단 털 얘기는 나중에 하기로 하자. 어쨌든 난 꼭 알고 싶었어. 식물이 곤충들을 잡을 때, 그 잎의 세포에서 무슨 일이 일어나는지. 곤충들이 잎에 앉을 때 잎이 안으로 말리는 것도 그래. 단순히 곤충의 무게 때문에 내려앉는 게 아닌 것 같았어. 잎 안의 뭔가가 수축되면서 곤충을 감싸는 느낌이 자꾸 들더라고, 동물처럼 말이야.

🧒 그렇지만 고성능 현미경도 소용없었다면서요.

💀 내가 누구냐? 내가 못 하면 주저 없이 남의 도움을 받는 사람 아니냐? 서둘러 여기저기 연락을 했지.

🧒 역시 할아버지답네요.

💀 어떤 학자에게는 식물의 잎에 신경이나 근육 같은 게 있을 수 없

겠냐고 문의를 했어.

🧑 신경이나 근육이? 식물한테요?

🧑 처음엔 그 학자도 황당해하더라. 그렇지만 결국엔 내 설득에 넘어갔지. 그래서 벌레잡이 식물들의 잎에 미세한 전류로 자극을 줘 봤대. 그랬더니….

🧑 그랬더니(꼴깍)?

🧑 그 잎들이 마치 동물의 근육처럼 반응하더란다. 잎의 세포들이 동물의 근육처럼 수축했다는 거야.

🧑 이야, 믿을 수 없어요.

🧑 또 어떤 학자한테는 끈끈이주걱의 잎을 분석해 달라고 부탁했어. 세상에 그랬더니….

🧑 그랬더니(꼴깍꼴깍)?

🧑 그 즙에서 펩신하고 염산이 나왔다는 거야. 염산은 동물의 주요한 소화액인데 말이야.

🧑 와, 할 말이 없어지네요.

🧑 걔들의 잎은 동물의 위장인 셈이지. 뒤집힌 위장이긴 하지만.

🧑 하하하하하, 위장이 뒤집혀요? 속이 뒤집히는 거네요.

🧑 하하하, 맞다 맞아. 난 벌레잡이제비꽃의 잎에다가, 그 뒤집힌 위에다가 파리도 줘 보고 시금치도 줘 봤어.

→ → 뿌리 끝 부분을 잘라 보면 뿌리가 더 이상 땅속으로

파고들지 않는다. 뿌리 끝 부분은 어떤 자극을 뿌리 전체에 전달하는,

동물의 뇌와 비슷한 역할을 한다. → → →

🧑 그랬더니요?

💀 파리를 놓고 14시간이 지난 후에 가 보니 잎 가장자리가 멋들어지게 말려 있는 거야. 파리를 감싸 버린 거지. 시금치를 받은 애들은 소화액을 무척 많이 분비하더라고. 벌레잡이제비꽃이라면 잎사귀에 황금 별이 새겨진 식물 아니냐? 그 작고 예쁜 꽃에 그런 무시무시한 장치가 도사리고 있었던 거지. 그토록 얌전하게 생긴 식물이 파리 잡는 끈끈이 그물을 조용히 제작하고 있었다니! 감쪽같이 본색을 숨기고 말이야.

🧑 꼭 신화에 나오는 거대 식물들 같아요.

💀 놀랍지? 자, 이제 충분히 감탄했으니 내 연구의 하이라이트로 안내하마.

🧑 하이라이트요?

식물에게도 뇌가 있다고?

👹 그래, 아까 잠시 미뤄 두었던 그 털 얘기. 내가 그랬지? 끈끈이주걱의 털이 혹시 뿌리가 아닐까 생각했었다고.

👧 아, 그 황당한 얘기요?

👹 또 이런 상상도 해 봤어. 덩굴손 끝 부분에 혹시 동물의 뇌 같은 게 있진 않을까?

👧 점점 더하시네요.

👹 그리고 결국 이런 질문에 도달했지. 왜 식물의 뿌리는 땅속으로 파고들까?

👧 아니, 뿌리가 땅속으로 파고들지 그럼 어디로 파고들어요?

👹 그래, 다른 사람들도 다 그렇게 생각했지. 당시 과학자들은 중력이 뿌리 전체에 작용해서 무거운 뿌리가 땅속으로 파고든다고 추측했었어.

👧 중력… 때문이라고요? 잠깐만요. 그러고 보니 좀 이상하네요. 만일 그런 거라면 식물의 줄기는, 또 가지는 왜 하늘로 뻗어 오르는 걸까요? 할아버지 얘길 듣고 보니 정말 이상하네요.

👹 바로 그거다. 녀석, 훌륭하구나. 맞아, 식물의 뿌리가 땅속으로 파고드는 건 당연한 게 아닐지도 몰라. 나는 말이다, 뿌리의 꿈

틀거리는 듯한 모습이 늘 좋았단다. 그래서 이런 상상을 해 봤지, 어쩌면 뿌리 끝 부분은 식물의 앞길을 개척하는 머리 부분이 아닐까? 그래서 뿌리 끝 부분을 잘라 봤지. 그랬더니….

👧 그랬더니?

👴 뿌리가 더 이상 땅속으로 파고들지 않았어.

👧 세상에!

👴 뿌리 끝 부분이 어떤 자극을 뿌리 전체에 전달해 주고 있었던 거야. 그러니까 은수야, 식물 뿌리의 끝 부분은 동물의 뇌 같은 거야.

👧 식물에게도 뇌가?

👴 그래, 동물과는 다르지만 식물도 나름대로 감각을 느끼고 운동도 하는 거지.

👧 학교에서도 배웠던 것 같아요, 식물도 동물처럼 호르몬이 분비된다고요.

👴 아마 그럴 게다. 은수야, 그런 놀라운 발견들을 모아서 내가 71세에 낸 책이 짜잔, 바로 『식물의 운동 능력』이었어.

👧 『식물의 운동 능력』! 제목도 멋있어요. 이것으로 할아버지의 식물 이야기는 다 끝난 거군요.

👴 그럴 리가 있겠니? 나의 식물 연구는 그것 말고도 몇 가지가 더

있는데….

네? 또 뭐가 더 있다고요? 이제 그만! 제 머리털들이 뿌리처럼 마구 뻗쳐 나가려고 해요.

그래그래, 나도 한꺼번에 말을 많이 했더니 수염이 사방으로 뻗치려고 난리구나.

9장

엠마의 조각품
다윈

칭찬과 감사의 천재

끈끈이주걱이 영리한 동물이라고? 할아버진 생각도 어쩜 그렇게 창의적이신지! 게다가 그런 놀라운 얘길 아무렇지도 않게 하시잖아. 진화론이 맞는다면 동물과 식물은 같은 조상의 후손이라는 거지. 그래서 공통점이 꽤 많을 수밖에 없다는 거야. 거참, 안 믿을 수도 없고….

식물의 뇌라는 말을 들었을 땐 짜릿! 하기까지 하더라니까. 식물들한테 뇌 같은 게 있다니, 그것도 뿌리에. 그게 정말이라면 식물들은 날마다 무슨 생각을 할까? 저 따뜻하고 어두운 땅속에서.

가만 있자, 나는 동물이잖아? 그럼 내 몸에도 뿌리나 잎사귀 비슷한 게 있다는 건가? 아니면 날개나 하다못해 아가미 같은 거라도… 푸힛! 상상만 해도 입이 실룩거리려고 하네.

**

🦑 무슨 생각을 하길래, 표정이 그렇게 다채롭냐?

👧 제가 그… 그랬나요?

🦑 눈이 하트가 되었다가 갑자기 얼굴이 실룩실룩했다가, 참 볼만

하더라.

히히히, 뭐 별거 아니었어요. 근데요, 할아버진 평생 건강도 안 좋으시고, 대부분 시골에서만 사셨잖아요?

그랬지.

그런데 어떻게 전 세계 생물들을 그렇게 많이 연구하실 수 있었나요?

아까 얘기한 대로지. 난 날마다 편지를 썼어. 세상 누구라도 내가 알고 싶은 정보를 가진 사람이라면 어떻게든 접촉을 했지.

그렇지만요, 할아버지! 그렇게 편지를 쓴다고 사람들이 정보를 턱턱 내놓던가요?

나의 가장 뛰어난 재능은 뭐니 뭐니 해도 다른 사람 얘길 잘 들어주었다는 거야. 그리고 조금이라도 귀중한 얘길 들으면 한없이 칭찬해 주고 감사하는 데 천재였지.

사람들이 아주 기분 좋아했겠네요.

물론이지. 내가 요청하지 않은 정보까지 모조리 알려 주더라고. 그래서 편지 주고받는 사람이 나중엔 감당할 수 없을 정도로 많아졌어. 1년에 편지지, 우표, 잉크 같은 데 쓴 돈만 4천만 원도 더 들었다니까. 우리 집 살림을 총감독해 주었던 집사가 있었는데, 그 사람한테 지급한 연봉보다 돈이 더 들었으니 말 다했지.

🙍 와, 4천만 원요!

👴 아마 내가 평생 쓴 편지가 한 7,000통은 넘을 거다. 받은 거야 그보다 두 배는 더 많지. 15,000통쯤? 특히 유명해진 뒤부터는 세계 각지에서 편지와 표본들이 쏟아져 들어왔어.

🙍 와, 7,000통 넘게 쓰셨다고요? 대체 하루에 몇 통씩 써야 그렇게 되는 거예요? 정말 엄청나시네요.

👴 내가 도움받은 사람들만 늘어놓아도 작은 노트 한 권은 될 거다. 공무원, 장교, 외교관, 모피 사냥꾼, 말 사육자, 사교계 여성, 웨일스의 농장주, 동물원 사육자, 비둘기 사육자, 정원사, 보호 시설 운영자, 사냥개 사육자 등등….

🙍 그 사람들로부터 정보도 얻고, 표본도 받고 그러셨겠네요.

👴 그래, 내가 보낸 편지들은 인도, 자메이카, 뉴질랜드, 캐나다, 오스트레일리아, 중국, 보르네오, 하와이 제도에까지 가지 않는 곳이 없었어. 건강하지도 못하고 시간도 별로 없던 나 대신, 편지들이 전 세계를 항해한 거지. 아 참! 도움받은 얘기할 때, 우리 애들을 빼놓아선 안 되지. 우리 아들들은 꽃을 방문한 나방들의 수를 일일이 세느라고 얼마나 고생을 했는지…. 그래도 녀석들, 한마디 불평 없이 개미보다 더 열심히 도와주었어. 우리 딸 헨리에타는 내 원고를 세심하게 고쳐 주기도 했고. 물론 내 아내가

고쳐 준 원고는 이루 헤아릴 수도 없지. 그런데 은수야, 으헉! 아이고 깜짝이야. 여보! 소리도 없이 이렇게 갑자기 나타나면 어떡하오?

🧑 뭘 그리 놀라세요. 당신이 하도 얘기에 정신이 팔려 있길래 뒤에서 조용히 기다리고 있었던 건데….

막장 드라마 광팬이었다니!

👴 하마터면 간 떨어질 뻔했잖소!

🧑 애들처럼 놀라시긴. 한데 이 예쁘고 씩씩한 소녀는 누구래요?

👴 은수야! 이 사람이….

👧 척 보니 알겠어요. 엠마 할머니시죠? 안녕하세요. 전 한국에서 온 김은수라고 합니다. 만나 봬서 정말 반갑습니다.

🧑 나도 반갑구나. 은수야, 이 할아버지한테 얼마나 시달렸니? 동물이나 식물 얘길 한 번 시작하면 도무지 멈출 줄 모르시니….

👧 전혀요. 환상적인 얘기도 많이 듣고요, 아주 즐거웠어요.

👴 여보! 사실 은수도 만만치 않았다오. 내가 생전 처음 들어 보는 얘길 얼마나 많이 해 주던지. 특히 지구와 우주 얘기는 내가 꿈

에도 상상하지 못했던 것이었다오.

엠마 할머니, 이렇게 호기심 많은 다윈 할아버지랑 평생 함께 사셨잖아요. 많이 행복하셨나요? 그리고 정말 어떤 분이셨나요, 세상을 뒤흔든 진화론의 괴수는?

괴수라고? 호호호, 아주 귀여운 아가씨네. 할아버지는 위대한 과학자였지만 가족들과 주변 사람들에게도 참으로 따뜻한 분이셨어.

할아버지는 정말 너무 완벽하네요. 지루해요, 지루해!

호호호, 물론 할아버지가 가장 행복했던 건 역시나 자연을 연구할 때였지. 나도, 또 우리 아이들도 그런 이 사람과 함께하는 시간이 무척이나 행복했단다. 여보, 당신도 기억하겠죠? 울창한 나무들 사이로 숲바람꽃과 금강초롱이 번갈아 피어 있던 풍경을. 그 주위는 야생 담쟁이덩굴이 온통 뒤덮고 있었죠.

할머니도 할아버지 못지않은 자연 애호가셨군요.

할아버진 그냥 자연을 사랑한 게 아니었어. 자연과 하나가 된 사람이었지. 한번은 말벌 한 마리가 할아버지의 얼굴에 내려앉았어. 그러더니 눈에 주둥이를 밀어 넣어 눈가의 물기를 빨아먹으려고 하더라니까.

꺅!

😊 그런데도 이 사람은 조용히 소파에서 일어나 말벌이 떠나갈 때까지 바라보기만 하더구나. 여보! 그때 눈에 침이라도 쏘였으면 어쩔 뻔했어요?

😊 하하하, 말벌이 할아버지를 풍경의 일부처럼 느꼈나 봐요. 우리나라에도 그 비슷한 얘기가 있어요. 옛날에 솔거라는 화가가 있었는데요, 그 사람이 늙은 소나무 그림을 그렸대요. 한데 그 나무가 얼마나 그럴듯했던지 새들이 날아와 앉으려다가 부딪쳐 떨어졌다는 거예요. 뻥이 좀 섞인 거 같죠?

😊 딴 사람은 몰라도 난 충분히 그럴 수 있다고 생각해. 이 양반이 들판에서 관찰에 몰두할 때는 꽃밭에 잠겨 있는 한 마리 꿀벌 같더라고. 참으로 고요하고도 사랑스러운 모습이었지. 그런 모습을 본 사람은 이 세상에 오직 나뿐이었을 거야.

😊 아하! 여보, 이제야 이해가 되는구려. 은수야, 내 아내가 말이다, 화가들이 내 초상화를 그려 오면 매번 별로 안 닮았다고 불평을 했단다. 내 보기엔 그런 대로 괜찮았는데, 대체 왜 그러나 싶더라고.

😊 이제야 아셨군요. 그 어떤 화가도, 심지어 사진마저도 당신의 그 사랑스러움은 담아내지 못했지요.

😊 껄껄껄, 은수야, 어떠니? 내 이론이 정말 맞는 거 같지 않니?

🧑 뭐가요?

👵 결국 나는 이 사람의 선택이 빚어낸 작품이잖니? 엠마가 가장 사랑스러워하는 모습으로 진화한 수컷, 그게 바로 찰스 다윈인 거지.

🧑 하하하, 원하신다면 그렇다고 해 드리죠. 그건 그렇고요, 할머니, 다윈 할아버지는 어떤 책을 읽으셨나요? 위대한 과학자셨으니 역시 독서도 열심히 하셨겠죠?

😊 책의 종류를 가리지 않고 열심히 읽으셨어.

🧑 꼭 과학책만 읽으신 건 아니란 말씀인가요?

😊 물론 과학책도 열심히 읽으셨지. 하지만 그 밖에도 다양한 책을 읽으셨단다. 쉬고 싶을 때는 가벼운 독서를 즐기셨고. 여보, 당신이 가장 좋아하던 장르를 은수한테 소개해도 괜찮겠죠?

👵 뭘 그런 것까지.

😊 도서관에서 책을 많이 빌렸는데, 그 내용이 대부분 비밀 결혼이나 나쁜 사촌들, 물려받은 재산을 탕진하는 이야기들이었어.

🧑 하하하, 정말 의외예요. 그런 거 좋아하셨군요, 막장 드라마 같은 거.

😊 그뿐이겠니? 출생의 비밀이나 부적절한 결혼 스토리엔 어찌나 몰입하던지…. 하지만 그 다양한 내용 중에도 공통점은 있었단

다. 한마디로 예쁜 여자가 나오는 해피 엔딩!

🧑 어휴, 남자들이란 예나 지금이나 다를 바가 없어요. 도대체가 진
화할 기미가 안 보여요.

👩 호호호, 특히 몸이 아플 때는 더 그랬단다. 침대에 누워 내가 읽
어 주는 소설책에 귀를 기울였지.

🧑 할아버진 복도 많으세요. 엠마 할머니, 우리 엄마가 이런 얘길
하셨어요. 세상에 위인이라는 남자들은 책에서 읽기엔 멋있고
훌륭하지만, 함께 산 식구들은 힘들었을지도 모른다고요. 성격
이 괴팍한 사람들도 많고, 자식이나 아내한테는 거의 신경을 안
썼대요. 할머니 얘기 들으니까 우리 엄마 얘기가 좀 실감이 나네
요. 게다가 할아버진 평생 환자에다가 연구 중독자였잖아요.

👩 힘든 일이 없었다고는 못하겠구나.

🧑 그중에서도 뭐가 가장 힘드셨어요?

👩 난 괴로운 일이 생기면 저 세상에서 하느님과 영원히 함께 살날
들을 생각했어. 그렇게 많은 어려움을 이겨 내며 살았지. 그런데
이 사람은 그 믿음이 없었어. 결혼하고 처음엔 잘 몰랐지만 점점
더 확연해지더구나. 이 사람은 무턱대고 신을 믿을 수 없는 사람
이란 사실이…. 이 세상에선 이 사람과 함께 행복했지만, 저 세
상에서 영원히 따로 떨어져서 살 걸 생각하면 견딜 수가 없었단

다. 이렇게 정직하고 부지런하고 따스한 사람이 영원히 지옥 구
덩이에서 고통받아야 하다니…. 그런데도 나는 이 사람과 함께
있어 줄 수 없다니….

『종의 기원』의 가격은 얼마였을까?

👩 『종의 기원』이 나왔을 때도 많이 괴로우셨겠어요?

👴 많은 사람들이 심한 비판을 퍼부었지. 성직자나 언론사 기자들
은 물론이고 유명한 과학자들까지 길길이 날뛰더라니까. 이 사
람이 처량해 보이더구나.

👩 그렇게 애쓰셨는데 말이죠.

👴 찬성하는 사람들 중에도 내 마음을 아프게 한 경우가 꽤 있었어.

👩 그건 또 무슨 말씀이세요?

👴 그 전에 『종의 기원』의 가격 얘길 좀 해야겠구나.

👩 『종의 기원』 책값요? 얼마였는데요?

👴 15실링이었단다.

👩 15실링요? 그게 요즘으로 치면 음….

👴 너 뭐하니? 그 조그만 상자는 또 뭐고?

🙍 잠깐만요. 그래서 우리나라 돈으로는…. 짠! 와, 7~8만원 정도
라고? 엄청 비쌌네요.

😮 ?????

👩 당신도 신기할 거요. 은수가 그러는데 뭐든지 알려 주는 물건이
랍디다. 하하하, 이제 그만 놀라고 하려던 얘기나 마저 하구려.

🧑 가난한 노동자들은 빵 한 조각 살 때도 벌벌 떨던 시절이었지.
그러니 어떤 사람들이 『종의 기원』처럼 비싼 책을 척척 샀겠니?
부자들뿐이었지. 공장이나 대농장을 경영하던 사람들, 지체 높
은 귀족들도 좀 있었고.

🙍 그랬군요.

🧑 그 사람들이 이렇게 떠들어 댔단다. 열등한 생물들은 패배하고
죽어 갈 수밖에 없다. 그게 바로 자연의 법칙이고 진보의 원리
다. 사람도 능력 있는 자는 번성하고 능력 없는 자는 도태된다.
다윈의 진화론이 그것을 과학적으로 증명했다.

🙍 어? 그거 진화론하고 비슷한 얘기 같은데, 아닌가요?

👩 내 진화론에 그런 면이 있지. 인정한다.

🧑 그렇지만 난 그게 『종의 기원』의 전부는 아니라고 생각해. 이 사
람의 진화론에는 그와 사뭇 다른 얘기들도 있으니까. 다만 부자
와 권력자들이 자기들한테 유리한 것만 가져다가 써먹은 거지.

> **→ →** 자본가들은 다윈의 진화론을 강력하게 지지했다. 열등한 생물들은 패배하고 죽어 갈 수밖에 없듯이, 능력 없는 사람은 도태되는 것이 자연의 법칙이고 진보의 원리라고 주장했다. **→ → →**

정말 못된 사람들이야. 그러니 『종의 기원』이 부자들만을 위한 책이라는 비판을 받을 수밖에.

🙍 그런데요, 저… 할머니네도 굉장한 부자셨잖아요?

👵 그야 그렇지. 그렇지만 그건 내가 어떻게 할 수 있는 게 아니잖니? 그저 우리 집 하인들한테 더 잘해 주려고 애를 썼지. 자선 활동도 능력 닿는 데까지 최선을 다했고. 내가 믿는 하느님 앞에선 가난하든 부자든 다 소중한 형제자매니까.

🙍 말씀을 들을수록 할아버지보다 할머니가 더 훌륭하신 거 같아요.

👵 무슨 소리! 할아버지는 초인적인 의지로 연구를 거듭해서 자연의 거대한 진실을 발견했어. 그리고 그걸 용기 있게 세상에 알렸어. 난 내 남편이 그걸로 충분히 훌륭하다고 생각해. 평생을 질병에 시달렸던 사람으로서 말이야. 단지 내가 걱정했던 건, 그런 비판이 혹시나 이 사람의 건강을 해치지나 않을까 하는 거었어.

🙍 자나 깨나 할아버지 건강을 걱정하셨군요. 할머니의 인생도 참!

👵 그래도 불행인지 다행인지, 난 그런 마음고생만 하고 있을 겨를이 없었단다. 스무 명이나 되는 집안사람들에 치여 정신이 하나도 없었거든.

🙍 스무 명이라고요?

👵 가족을 빼고, 하인들만 해도 열 명은 족히 되었으니까.

🙍 하인들만 열 명? 우와, 그렇게나 많았어요?

👵 그럼, 우리 때는 하인이란 게 하나의 직업이었어. 농부 다음으로 많았단다. 마부, 요리사, 유모, 식사 시중드는 하녀, 세탁부, 정원사들, 마구간 일꾼들과 필요할 때 고용했던 가정교사 등등, 그 많은 하인들을 내가 일일이 관리해야 했지.

🙍 부럽기도 하지만 퍽 힘드셨을 거 같아요.

👵 그뿐이냐, 우리 아이들도 열 명이나 되었잖니.

🙍 으악! 열 명이라고요? 짐승….

👵 뭐야, 짐승? 짐승이라고!

🙍 에구, 죄송합니다. 하도 놀라서 이런 망언을…. 그렇지만 사람은 자식을 개나 돼지처럼 많이 낳는… 앗! 또 실수를….

👵 호호호, 괜찮다, 은수야. 사실 사람이 동물인 건 맞지, 어쨌든 식물은 아니니까…. 그런데 솔직히 말해서 10남매가 그리 많은 건

아니잖아?

많은 건 아니라고요? 우리 친구들한테 그런 얘기를 해 주면 다들 쓰러질 거예요. 요즘은요, 하나나 둘이 대부분이에요. 많아야 셋 정도 낳고요. 아이를 많이 낳으면 경제적으로 힘들대요. 게다가 요즘 여성들은요, 아이 한두 명 낳고 얼른 사회생활을 하고 싶어해서요.

믿을 수 없어. 어쩌다 세상이 그렇게까지 되었을꼬? 먹고살기 힘들어서 자식을 한둘밖에 못 낳다니…. 자연계에 이렇게나 비참한 생물이 또 있을까?

10장

인간이란
누구인가?

살인의 고백

어리둥절하다. 난 지금까지 옛날 여자들이 불쌍하다고만 생각했다. 하지만 엠마 할머니 말씀은 도리어 요즘 사람들이 불쌍하다는 거다. 들어 보니 나름 일리가 있었다. 내 참, 어느 쪽이 맞는 건지! 딱히 할 말도 없고 해서 다윈 할아버지 쪽으로 슬쩍 고개를 돌렸다. 좀 지쳐 보였다. 처음 보았을 때의 그 표정이었다. 엄숙하고 심각하고 조금은 슬픈 노인, 아니면 털투성이인 오랑우탄이나 원숭이?

**

🧑 할아버지, 저… 이런 질문드리긴 좀 그런데요….

👴 뭔데 그러냐? 주저 말고 물어보렴.

🧑 전 할아버지를 보면… 그러니까… 혹시….

👴 뭔데 그렇게 뜸을 들이냐?

🧑 혹시 할아버지가 원숭이랑 좀 닮아서, 아니 솔직히 말씀드리면 좀이 아니라 많이 닮으셨거든요. 그래서 더 진화론을 확신하신 게 아닌가 싶어요. 할아버지만이 아니라 서양 사람들은 털도 많고….

🧒 그래?

👩 솔직히 처음 할아버지 사진을 봤을 때, 정말 나이 많은 원숭이 같았다니까요. 잘 봐주면 외계인 과학자 정도랄까, 왜 그 원숭이 닮은 외계인 있잖아요?

🧒 푸하하하! 원숭이? 외계인 과학자? 그래, 내가 살아 있을 때도 그런 취급을 당하곤 했었지.

👩 할아버지한텐 이런 질문해도 실례가 아니죠?

🧒 그럼 그럼. 우리랑 원숭이, 고릴라 같은 동물들은 동일한 조상의 후손이니까. 그렇지 않다면 어떻게 이리 비슷하겠니?

👩 하, 우리의 공통 조상들! 할아버지, 그분들은 대체 어떻게 생겼을까요?

🧒 확실히 알 수는 없지. 그렇지만 세심하게 관찰하고 화석 같은 것도 공들여 연구하면 얼추 짐작할 수는 있어. 공통 조상까진 몰라도, 최소한 우리의 초기 조상들은 온몸이 털투성이였을 거야.

👩 역시 털이….

🧒 남자 여자 할 것 없이 수염이 났을 거고. 귀는 뾰족했을 거야. 아마 움직일 수도 있었을걸.

👩 제 친구 중에도 귀 움직이는 애 있어요.

🧒 흠, 그 친구는 아직도 인간으로 진화 중인가 보구나.

역시 털이….

하하하, 만나면 할아버지가 그랬다면서 놀려 먹어야겠어요.

농담이다, 농담. 그러면 못써. 그래도 귀는 약과야. 우리 때는 머리 위에 책을 몇 권 올려놓고 머리 힘만 써서 그 책들을 던져 버리는 사람이 있었어. 그 사람 가족들은 대부분 이런 능력을 갖고 있었단다. 사실은 많은 원숭이들이 이런 능력을 갖고 있어.

와하하하, 머리에 힘을 줘서 책을 내던진다고요? 그것도 몇 권씩이나! 저도 직접 보고 싶네요.

초기 조상들 엉덩이엔 꼬리도 달려 있었을 거야. 나무에 살았으니 발가락 힘도 무지하게 셌을 거고.

할아버지, 그 얘기 들으니까 이모네 아기가 태어났을 때가 생각나요. 주먹을 꽉 쥐고 있었는데, 힘이 장난 아니게 세더라고요. 선생님께 얘기했더니, 그게 다 우리가 털이 많았을 때, 아기가 엄마, 아빠의 털을 움켜쥐던 동작이래요.

그럴 게다. 우리 인간이 아무리 다른 동물들과 모습이 달라지더라도 비천한 흔적은 결코 지울 수 없단다. 사실 따지고 보면 비천한 것도 아니지만 말이다. 내가 살았을 땐, 이 단순한 사실을 부정하는 사람들이 어찌나 많았던지….

요즘은 대놓고 그렇게 말하는 사람은 별로 없어요. 그렇지만 할아버지, 인간은 예술 활동을 하고 언어도 사용하잖아요. 게다가 도덕이나 종교 같은 것도 있고요. 그런 건 정말 동물들에겐 없지 않나요?

마치 내가 살던 시절의 창조론자들 같은 소릴 하는구나. 충분히 이해한다. 그래서 내가 쓴 게 바로 『감정 표현』이라는 책이야.

『감정 표현』이라고요?

그래! 진짜 제목은 『인간과 동물의 감정 표현』이지만, 너무 기니까 그냥 『감정 표현』이라고 부르자꾸나. 내가 『종의 기원』을 쓸 때 말이다, 인간 얘기는 입도 뻥긋 안 했어. 해 봤자 쓸데없이 시끄럽기만 했을 테니까. 그렇지만『종의 기원』이 출간되고 10년쯤 지나자 세상이 바뀌었지. 진화론이 대세가 된 거야. 그래서 나는 생각했어, 드디어 때가 왔다고!

🧑 때가 와요?

👴 오랫동안 꽁꽁 숨겨 온 인간 이야기를 할 때가 온 거야. 예순이나 되어서야 그때가 오다니!

🧑 노인이 다 되어서였네요.

👴 내가 아직 젊을 무렵, 절친한 식물학자에게 편지를 썼던 게 기억나는구나. 내가 진화론자라는 걸 고백했지. 마치 살인을 저지르고 나서 그걸 고백하는 것처럼 가슴이 뛰더구나.

🧑 진화론자가 죄인 같은 그런 시대였네요.

👴 그 뒤로 내가 과학자로서 유명해질수록 난 점점 더 저명한 과학자들과 어울리게 됐어. 한데 그들은 대부분 창조론을 믿는 과학자들이었지. 유명해지는 건 좋았지만, 본심을 숨겨야 하는 괴로움은 커져만 갔어. 가슴이 뛰고 구역질이 점점 더 심해졌지. 그래서 내가 더 아팠는지도 몰라.

🧑 그렇게 몇 십 년을 사셨군요.

👴 『종의 기원』을 출간했을 때 마음속 쇳덩어리가 반쯤은 빠져나가

는 기분이 들더구나.

그리고 10년 뒤에 아예 모든 걸 밝히시게 된 거군요.

그래, 『종의 기원』이 나온 뒤로 창조론을 믿는 사람들은 많이 줄어들었어. 하지만 그런 사람들도 사람만은 비천한 동물들과는 뭐가 달라도 다르다고 생각했지. 너 월리스 기억하니? 그 사람도 인간은 단순한 동물이 아닐 거라고 믿었어. 결국은 변절했지. 나중엔 텔레파시나 심령술의 세계로 빠져들었어.

그런 일이….

어처구니없기도 하고 외롭기도 했어. 내 이론을 지지한다는 사람은 많았지만, 인간이 문제가 되면 언제나 난 혼자였어.

인간과 동물의 차이?

난 정말 인간과 동물이 다르다는 말이 이해가 안 돼. 그건 민들레와 식물이 다르다는 거랑 같은 말이야. 민들레는 식물임에 분명하지만 다른 식물들에게는 없는 특징이 있다, 그러니까 민들레는 식물과 다른 특별한 존재다. 뭐 이런 얘긴데….

그렇게 되나요?

사실 그건 옛날에 백인들이 흑인 노예들에 대해 지껄였던 말이야. 흑인 노예들은 인간이 아니라는 거지. 설령 같은 인간이라해도 죄를 지은 존재라는 논리였지. 고대에는 여성들에 대해서도 똑같은 얘길 했어. 여성들에겐 영혼 같은 게 있을 리 없다고 말이야. 결국 무슨 얘기겠니? 백인들, 그중에서도 백인 남성은 다른 인간들과 다른 존재라는 헛소리지. 너 같으면 백인과 인간의 차이가 뭐냐고 묻는 사람에게 뭐라고 하겠니?

백인과 인간의 차이요? 하하하. 그렇게 말씀하시니까 이해가 잘 되네요.

진화론이 맞는다면서도, 유인원에서 진화한 인종은 흑인뿐이라고 주장하질 않나!

이제 완전히 알겠어요. 정말 답답하고 짜증 나셨겠어요.

당시 과학자들은 이렇게 주장했단다. 인간의 얼굴에 있는 근육을 보라, 그게 험난한 생존 경쟁에서 무슨 쓸모가 있겠는가? 그러니 우리의 풍부한 근육은 신께서 주신 선물임에 틀림없다. 우리의 섬세한 감정을 표현하라고 말이다. 짐승들에게 그런 근육이 없는 것도 당연하다. 그놈들에게 고상한 감정 따위가 있을 리 없으니까.

저도 그런 얘기 들은 적 있어요. 표정은 인간에게만 있다고요,

감정이 있는 건 인간뿐이라고요.

요즘도 그러는구나. 난 책에 이렇게 썼어. 인간이 종교에 헌신할 때의 마음과 개가 주인에게 품는 충성심은 구분할 수가 없다.

하하하, 교회 다니는 사람들, 정말 열 받았겠는데요.

왜 아니었겠니? 그렇지만 난 그런 사람들이 짐승들보다 더 비천하게 느껴졌어. 개를 인간보다 못하다고 믿는 지독한 편견! 그런 인간들은 백인들의 사랑은 고상한 거라 치켜세우고, 흑인들의 사랑은 짐승들의 짝짓기처럼 천하게 멸시했어. 우리가 개와 마찬가지로 동물에 속한다는 얘기가 그렇게 나쁜 얘기냐? 은수야, 너도 우리 인간이 개보다 우월하다고 생각하니?

🙍 할아버지! 할아버지가 이렇게 흥분하시는 모습 처음 봐요.

👴 내 얼굴, 많이 벌게졌니?

🙍 네. 새빨개지셨어요.

👴 흠흠, 잠시 진정하고… 이것도 사실 우리가 진화되었다는 증거야. 우리가 다른 짐승들과 비슷하게 생활할 때의 흔적인 거지. 야생에서 생활을 할 때, 우리가 어땠겠니? 천적을 만나면 볼 것도 없이 도망쳤을 거야. 하지만 맞먹을 만한 적이나 우리보다 약한 놈들과 마주치면 어떻게 반응했을까? 최대한 몸을 부풀리고 온몸의 피부가 벌게지면서 털들이 곤두섰을 거라고. 그건 적에게 겁을 주고 위협하려는 행동이었지. 그런데 지금 인간은 털도 많이 빠지고, 날카롭던 송곳니도 꽤나 무뎌졌지. 힘은 침팬지의 5분의 1밖에 안 되고. 그래서 이젠 얼굴이 벌게지고 털이 곤두서더라도 상대에게 위협이 되진 못해. 그래도 오래전 조상 때부터 해 온 생리적 반응이니, 완전히 사라지질 않는 거지. 그래서 별소용도 없이 색깔만 바뀌는 거야.

🙍 할아버지 말씀을 들으니 옛날 우리 조상들의 생활이 상상이 되네요. 많이 흥분하시니까 더 생생하게요.

동물들의 예술 활동

🧑‍🦳 내가 사실은 『감정 표현』을 내기 1년 전, 그러니까 1871년에 『인간의 유래』라는 책을 냈어. 『감정 표현』과 이 책은 원래 한 권으로 내려고 했는데, 너무 두꺼워서 따로 내게 된 거란다.

👩 역시나 하실 얘기가 너무 많았나 보네요.

🧑‍🦳 그럴 수밖에 없었지. 사람들이 믿기 힘든, 아니 믿고 싶어 하지 않을 내용이니까. 무수한 사례들을 늘어놓을 수밖에.

👩 이해가 돼요. 저도 할아버지 얘길 들으면 고개가 *끄덕끄덕*하다가도, 완전히 확신하기엔 좀….

🧑‍🦳 『인간의 유래』의 진짜 제목은 『인간의 유래와 성 선택』이야.

👩 아! 성 선택, 그 암수 선택 말씀이시죠? 아까 얘기해 주셨지요.

🧑‍🦳 그래, 그런데 이 책에선 그 암수 선택이 실은 예술 활동이기도 하다고 주장했어.

👩 네? 암수 선택이 예술 활동이기도 하다고요?

🧑‍🦳 응.

👩 어떻게 그런… 아니, 그럼 동물들도 암수 선택을 하니까, 할아버진 동물들이 예술 활동을 한다는 말씀이세요?

🧑‍🦳 많이 이상하지. 하지만 동물만이 아니라 식물들까지, 생물들은

모두 예술가란다.

🧑 설마요. 지금까지 얘기 중에서 1등으로 황당한데요.

💀 일단 노루 얘기부터 해 볼까?

🧑 뭔가 또 이상한 얘길 하시려고 그러죠? 그렇지만 들어 드리죠, 정말 궁금하거든요.

💀 너 혹시 사향노루 수컷들이 전력으로 돌진해서 박치기하는 거 본 적 있니? 정말 무시무시하지. 그게 다 짝짓기 할 암컷을 차지하기 위해서 벌이는 전쟁이란다. 노루들만이 아니야. 수사슴들 중에는 뿔이나 다리가 부러지고, 심지어는 한쪽 눈이 멀기도 해. 목숨을 잃는 경우도 부지기수. 사향노루 수컷의 약 10%가 머리뼈 파열로 목숨을 잃어.

🧑 장난 아니네요.

💀 장난 아니지. 사슴의 경우, 이런 싸움을 수천, 수만 세대에 걸쳐 되풀이했을 거야. 그 결과 뿔이 크고 단단한 사슴들이 많이 번성하게 되었겠지. 물론 암컷에게 멋있어 보이면 더 좋았을 거고. 내 얘기는, 그래서 오늘날 수사슴들의 뿔이 그렇게 크고 근사하게 되었다는 거야.

🧑 그렇군요. 그런데요?

💀 암컷을 차지하기 위해 수컷들이 전쟁을 벌이고, 그 결과 사슴뿔

같은 예술 작품이 탄생했다, 이거지. 사실 사슴뿔은 생존하는 데에는 매우 불리해. 특히 숲 속에서 맹수들한테 쫓길 때는 치명적이지.

🗣 빨리 달아나야 할 때는 무지하게 걸리적거리겠어요.

🗣 그러니까 생존 경쟁만 생각하는 사람은 사슴뿔이 왜 이토록 크고 아름다운지를 이해할 수가 없어. 그래서 내가 성 선택을 생각하게 된 거야. 생존에 불리한 특징도 짝짓기에 많은 도움이 된다면 번성할 수 있는 거지.

🗣 그러고 보면 사슴들도 마냥 부드럽고 순한 동물만은 아니네요. 뿔도 그냥 폼으로 달고 다니는 게 아니고요.

🗣 폼이긴, 엄청 무식한 무기지. 그냥 서로 박아 버리니까 말이야.

🗣 하하하, 사슴과 무식한 박치기. 왠지 잘 안 어울려요.

🗣 물론 자연계에는 다른 전투도 있지. 너 혹시 새들이 댄스 배틀을 벌인다는 얘기 들어 본 적 있니?

🗣 새들이 댄스 배틀을요?

🗣 그래, 특히 극락조같이 더할 수 없이 아름다운 새들은 그런 배틀을 종종 벌이지. 우선 숲 속 파티장에 모여. 그러고는 수컷들이 아주 공들여 화려한 깃털과 빛깔을 과시한단다. 암컷들 앞에서 있는 대로 맵시를 다 부리며 춤을 추는 거지. 암컷들은 그 모습

을 구경하다가 각자 마음에 든 수컷을 선택해. 그러고는 함께 짝

짓기를 하러 간단다.

🧑 와, 정말 댄스 배틀이네요. 그럼 선택받지 못한 수컷들은 짝짓기

를 못할 수도 있겠어요.

👹 물론이지. 반대로 암컷들이 좋아하는 특징을 가진 수컷들은 짝

짓기 할 기회가 많지. 자손들 수가 더 많을 수밖에. 어떠냐, 이

얘길 들으니 조류 사육자들이 생각나지 않니?

🧑 전혀 안 나는데요.

👹 그… 그래? 그 사람들은 우수한 품종들끼리 교배를 아주 잘 시

키잖니? 그래서 짧은 기간 안에 화려하고 우아한 새들을 얼마든

지 만들어 내는 거고. 인간들이 좋아하는 미의 기준에 따라 새로

운 새들을 만들어 내는 거지. 그처럼 암컷들도 아주 오랜 세월

동안 좋아하는 스타일의 수컷들을 선택해 왔어.

🧑 아하!

👹 동물들마다 좋아하는 향기나 맛이 다 다르지 않니? 그러니 좋아

하는 색깔과 무늬도 다 다르겠지. 그렇게 품종마다 다른 미의 기

준에 따라….

🧑 대단히 멋진 수컷을….

👹 그래, 또는 아주 노래를 잘하는 수컷을 선택하는 거야. 몇 천 세

대에 걸쳐서 말이야. 깃털색이 아주 화려한 수컷, 둥지를 잘 관리하는 수컷, 노래를 잘 부르는 수컷들은 다 그렇게 해서 진화한 걸 거야.

흠, 그렇군요. 그렇지만요, 그게 꼭 암컷들이 좋아해서 그랬을까요?

물론 확신할 순 없지. 하지만 생존에 불리하다는 건 분명해. 화려한 색깔, 크고 우렁찬 노랫소리, 짙은 향기. 모두 아주 치명적인 특징이야.

천적들한테 잘 들키겠네요.

둥지를 화려하게 꾸며 놓는 동물들도 그렇지. 맹수들한테 나 여기 있으니 얼른 잡아 잡수! 하는 격이 아니겠어? 그런 동물들은 모두 벌써 멸종해 버렸어야 마땅해. 그런데 어떠냐, 자연계에 그런 수컷들이 엄청 많잖아. 대체 왜 그런 거겠니?

할아버진 그런 특징들이 생존에는 불리하지만 짝짓기 하는 데는 유리했다는 거죠?

그래, 암컷들이 그런 특징에 매혹되었을 거라는 얘기지.

음, 좀 더 이해가 되네요.

그러니까 사슴이 빨리 뛰는 것은 생존에 유리한 특징이고, 동물들의 뛰어난 예술성은 짝짓기에 유리하기 때문에 진화된 거지.

특히 생존에 불리해 보이는데 멋있는 특징들은 대부분 그렇게 진화된 걸 거야.

🧑 할아버지 이론은요, 어쨌든 멋있긴 해요.

👴 확신은 안 서고?

🧑 네, 죄송하지만요.

👴 원 녀석도. 괜찮다, 괜찮아. 하지만 내 얘긴 사실 따지고 보면 그리 특별할 게 없어. 인간만이 특별하다는 편견을 버리면 아주 쉬운 이야기야. 결국 수많은 수컷들의 화려한 자태는 누가 만든 거니? 암컷들이지. 자기의 취향을 오랜 세월에 걸쳐 수컷들에게 적용시킨 거니까.

🧑 할아버지, 지금 얘기하신 거요, 생각해 보니까 아까 성 선택 얘기할 때 다 해 주신 거네요.

👴 그렇지?

🧑 근데 그땐 예술하고 상관이 있다고는 생각도 못했어요.

사람보다 먼저 꽃이 있었다

👴 물론 새들이 정말 예술 작품을 제작하는지 아닌지는 나도 몰라.

하지만 새들마다 아름다움에 대한 취향은 분명히 다르지 않겠어? 인간으로 치면 미적인 감수성이 다른 거지.

아름다움에 대한 취향? 미적인 감수성? 음… 정말 다른 동물들한테 그런 게 있을까요? 공작이나 청둥오리들은 그런 거 같기도 하고.

꾀꼬리나 카나리아의 청아한 노랫소리는 또 어떠니? 그건 인간이 흉내 내기도 힘들 정도잖아? 우리가 아름답다고 느끼는 꽃이나 황홀해하는 향기를 생각해 보렴. 그게 다 아득한 옛날에 곤충들과 식물들이 함께 진화시켜 놓은 거잖아.

그래요? 아, 맞다. 아까 얘기해 주셨지.

그래, 눈을 감고 아득한, 아주 아득한 옛날을 상상해 보렴. 녹색 잎들로 뒤덮인 지구 위에 수많은 벌새와 나방, 나비와 벌들이 날아다녔던 지구를. 걔들이 이리저리 날아다니면서 다양한 꽃들이 진화했다고 했었지?

네, 기억나요.

하지만 처음에는 녹색 잎들 중 몇몇이 다른 색깔로 서서히 변하는 정도였을 거야. 그러다가 어떤 잎들은 단단한 꽃받침으로 변했겠지. 또 어떤 잎들은 빨간색, 노란색, 새하얀색으로 변했을 거야, 그게 바로 꽃잎들이지. 물론 그냥 녹색 잎으로 남은 것들도 있고.

네? 꽃받침과 꽃잎이 모두 잎이 변해서 된 거라고요?

아마 그럴 게다. 괴테라는 과학자가 그렇게 주장했어.

괴테요? 그분, 소설가 아닌가요?

유명한 소설가지. 『젊은 베르테르의 슬픔』, 『파우스트』 같은 세계적인 작품을 썼으니까. 그렇지만 괴테는 탁월한 과학자이기도 했어.

그랬단 말이에요?

괴테는 꽃잎, 꽃받침, 암술, 수술이 모두 잎이 변해서 된 거라고 했어. 잎이 모양을 바꾸면서 나선형으로 배열된 거라고 말이야. 척추동물의 머리뼈도 실은 척추뼈가 변형된 거라고 주장했지.

우와, 대박! 아니 괴테는 대체 어떻게 그런 생각을 했대요?

어느 날 해변에서 산책을 하다가 양의 머리뼈를 우연히 보게 되었대. 죽은 지 시간이 꽤 흘러서 거의 삭아 버린 상태였나 봐. 괴테는 그 부서진 뼈들을 물끄러미 바라보았어. 그러다 문득 그게 척추동물의 척추뼈들과 비슷하다는 사실을 발견한 거야.

으, 그런가요? 그럼 제 머리도?

후후후, 글쎄다. 그건 천천히 생각해 보고, 언제 한번 꽃잎과 꽃받침과 잎을 가만히 살펴보렴. 한참 보고 있으면 지금 이 얘기가 실감날 테니까. 같은 잎들이었지만, 조금이라도 빛깔이 다른 잎들은 가루받이에 참여하게 되었어. 꽃잎으로 진화한 거지. 다른 녹색 잎들은 계속해서 양분을 만드는 일을 했지. 또 어떤 잎들은 꽃을 받치는 꽃받침으로 진화되었고.

그럼 암술과 수술은요?

그건 아마 꽃잎이 수축된 게 아닌가 싶어.

할아버지 진화론은 정말 이상한 얘기예요. 그렇지만 근사하고요, 가슴이 막 뛰어요.

거대한 지구가 다양한 빛깔로 물들기 시작하던 그 옛날. 우리가 그 광경을 직접 보았다면 심장이 터져 버렸을지도 몰라. 새로운 색깔과 향기, 신기한 형태가 여기저기서 생겨났을 테니까.

화려하고 엄청 웅장했겠죠?

그랬을 거야. 무지한 인간들은 자기들이 새로운 품종을 창조해 낸다고 뻐기곤 하지. 하지만 애초에 꽃이 없고 향기가 없었다면 교배고 뭐고 불가능했을 거 아니냐?

곤충하고 식물들을 다시 봐야겠어요.

아! 그리고 빨간 꽃들을 볼 때는 곤충 대신 벌새나 태양새를 떠올려 주렴. 곤충들은 붉은 색을 거의 못 보거든. 붉은 꽃들은 새들과 함께 진화한 거란다. 박쥐나 개구리들도 이 예술가들의 대열에 한몫한다는 것도 잊지 말고.

🧑 박쥐나 개구리들까지!

💀 우리가 진화하기 몇 억 년 전부터 지구는 화려한 색깔, 매혹적인 향기, 그리고 달콤한 맛과 아름다운 노래들로 가득했지. 만일 그렇지 않았더라면, 교배고 예술이고 모두 불가능했을 거야.

🧑 그랬겠네요.

💀 아니 그건 둘째치고, 우리한테 코, 혀, 눈, 귀 같은 게 모조리 없었을 거야.

🧑 엥? 그건 또 무슨 소린가요?

💀 맡을 향기가 없고, 맛볼 꿀이 없다고 생각해 봐라. 희한한 무늬와 화려한 색깔들이 없다고 생각해 보자고. 그런 상황에서 코나 혀, 눈, 귀 같은 게 다 무슨 쓸모가 있겠니?

🧑 그럼 제 얼굴에 그런 게 없을 수도 있다는 말씀이네요. 오, 왠지 오싹한데요.

💀 하긴 뭐 코는 있었을지도 모르겠구나. 먹이 있는 쪽이나 짝짓기 할 상대의 냄새를 맡는 데 주로 썼겠지만.

🧑 하하하, 그럼 제가 이렇게 킁킁거리며 기어 다녔겠네요.

11장

처음도 지렁이,
마지막도 지렁이

생체 실험을 지지한 지렁이 박사

처음엔 낯설기만 했던 다윈 할아버지. 그렇지만 하시는 말씀을 들으면서 나는 점점 빠져들었던 것 같다. 나도 과학자가 되어 볼까, 잠시 들뜨기도 했으니까. 그런데 그게 쉬운 일일 거 같지가 않다. 노력한다고 꼭 성공할 거 같지도 않고. 그리고 할아버지의 삶이 행복했는지도 잘은 모르겠다. 그건 그렇고 아까부터 마음속에 걸리는 이야기가 하나 있었다. 수업 시간에 선생님한테서 들었던 그 이야기가.

⁎

🙍 할아버지, 저희 선생님한테서 들은 얘긴데요, 할아버지께서 생체 실험을 지지하셨다는 게 사실인가요?

🐛 그랬지.

🙍 생물들을 그렇게 사랑하셨다면서 어떻게 그럴 수가 있나요?

🐛 생물들한텐 좀 안 된 얘기다만, 과학이 발전하기 위해선 어쩔 수 없단다.

🙍 하긴 따개비도 마구 해체하셨으니….

🐛 그렇지만 나도 장난삼아 하는 실험이나 너무 잔혹한 실험은 반

대였어.

그러셨겠죠. 그러니까 아마 할아버지도 요즘 하는 실험들 얘길 들으면 반대하실 거 같아요.

어떤 실험들을 하길래?

엄청난 수의 새나 쥐, 침팬지 등등을 가지고 실험을 하는데요, 그 실험들이 아주 잔인해요. 토끼들은요, 털을 깎고 나서 매일매일 이런저런 화학 약품을 피부에 바른대요.

아니 왜 그런 짓을?

화장품의 독성을 시험하기 위해서래요. 전 커서도 그런 화장품은 절대 안 바를 거예요. 심지어는 인간의 질병을 연구하기 위해 동물들한테 비슷한 질병을 앓게 만들기도 해요.

병을 앓게 한다고?

미국의 어떤 연구소에서는 유전자 조작 같은 기술을 이용해서 다양한 쥐 환자들을 만들어 낸대요. 희귀한 암을 앓는 쥐, 시력이나 청력에 장애가 있는 쥐, 심지어 정신병을 앓는 쥐들도 만들어 낸대요.

우, 얘기만 들어도 끔찍하구나!

그뿐이 아니에요. 과학자들은 확실한 답을 얻고 싶어 하잖아요? 그래서 같은 질병을 앓는 동물들을 많이 만들어 내요. 반복 실험

을 하려는 거죠. 그런데 실험이 예상보다 빨리 끝나 버리는 경우가 생기는 거예요. 그러면 남은 동물들은 그냥 버려져요, 쓰레기처럼.

🧑 불쌍해라. 아니 과학자들은 그런 걸 반대 안 하고 뭐 하길래….

👧 저도 선생님께 그 질문을 했었어요. 선생님 말씀으로는 실험 기준이 있긴 한데 너무 느슨하대요. 그리고 대학이나 회사에서 세운 연구소들 간에 경쟁도 너무 치열하고요. 그러다 보니 기준을 안 지키는 경우들도 생기고. 어쨌든 불쌍한 건 그 와중에 병들고 죽어 가는 생물들이에요.

🧑 ….

👧 전 그 얘길 듣고 딴 건 몰라도 과학자만은 절대로 되지 않겠다고 결심했어요. 과학자들은 연구에 너무 정신이 팔려, 자기가 무슨 짓을 하는지 모르는 사람들 같았거든요.

🧑 이해가 된다. 만약 현대 과학이 그렇다면 나도 절대로 찬성하지 않을 거다.

👧 과학을 따뜻하게 발전시키려는 과학자들이 많아졌으면 좋겠어요. 생명을 사랑하는 사람들도요. 지구의 모든 생물들은 다 같은 조상의 후손들이니까요.

🧑 그렇지, 은수야, 여기 좀 봐라. 이렇게 땅에서 기어 다니는 지렁

이들도 얼마나 소중하고 귀여운 생명이니?

🧑 귀여운 거까진 잘 모르겠지만요, 비가 온 뒤라선지 많이들 기어
나왔네요. 영국에도 지렁이들이 참 많네요.

💀 많다마다. 실은 내가 과학자가 된 첫해에 발표한 논문도 지렁이
에 대한 거였단다.

🧑 그래요?

💀 내 인생 마지막에 쓴 책도 지렁이에 대한 것이었지.

🧑 와, 완전 깜놀이에요. 할아버지 인생이 지렁이로 시작해서 지렁
이로 끝나다니!

💀 네가 이렇게 좋아해 줄 줄이야! 은수야, 난 평생 지렁이를 좋아
했단다. 40년은 족히 연구했는데 통 질리질 않더라니까.

🧑 와, 40년 동안이나!

💀 내게 있는 거라곤 돈하고 시간뿐이었잖니? 평생 한 일이라곤 연
구뿐이었고. 만각류를 연구하는 데만 8년 걸린 건 너도 잘 알 테
고. 식물의 꽃가루받이 연구도 37년, 난초 연구도 32년을 했지.

🧑 따개비랑 8년 연애하신 것도 놀라운데, 지렁이랑은 무려 40년씩
이나!

💀 내 생애 마지막 즈음에, 그러니까 68세 때에 내 사랑 지렁이에
관한 책을 쓰기 시작했어. 제목은 『지렁이의 활동에 의한 비옥토

의 형성』! 간단히 줄여서 『지렁이와 땅』이라고도 하지.

『지렁이와 땅』요? 정말 하찮은 제목이네요. 그런 하찮은 걸 할아버지 평생 좋아하고 연구하셨다니.

그래, 책을 낼 땐 나도 걱정되더라니까. 세상에 나 말고 누가 지렁이 따위에 관심을 가질까 싶어서 말이야. 그랬는데 책이 나온 당일부터 잘 팔려 나갔지 뭐냐. 그 전까지 나의 베스트셀러였던 『감정 표현』보다 더 빨리, 더 많이 팔려 나갔어.

대체 그 책에 뭐가 쓰여 있었길래요?

내가 관찰해 보니 지렁이들이 그냥 땅속을 기어 다니는 게 아니었어.

그럼요?

지렁이들이 땅속에서 흙을 먹고 똥을 싸거든. 그러면서 땅속을 계속 돌아다니는 거야. 땅속을 계속 헤집고 다니는 거지. 너 혹시 걔들 몸속에 모래주머니가 있다는 거 아니?

와, 그래요?

단단하고 근육이 잘 발달된 모래주머니가 있어. 그 속의 모래 알갱이들을 맷돌처럼 사용해서, 자기가 삼킨 흙을 잘게 잘게 부수는 거야. 그리고 똥으로 배설하니까 흙이 아주 곱고 촉촉해지지. 매일매일 그렇게 땅을 갈아 대니 어떻게 되겠니? 땅이 비옥해질

수밖에.

지렁이도 알고 보니 재밌고 훌륭한 동물이네요.

이 세상에 안 그런 생물은 없단다.

지렁이가 훌륭한 건지, 할아버지가 재밌게 잘 쓰신 건지?

당연히 지렁이 쪽이지. 내가 그 책에도 이렇게 썼다니까. "쟁기는 인류의 가장 오래된 발명품이자 가장 가치 있는 것 중 하나다. 그러나 사실은 인류가 출현하기 훨씬 이전부터, 지렁이들이 땅을 끊임없이 경작해 왔고, 지금도 경작하고 있다. 이렇게 하등한 체제를 가진 동물이 세계사에 이토록 중요한 역할을 수행한 적이 또 있을까?"

이야, 대단하네요. 글도 참 잘 쓰셨고요. 별로 멋을 안 부리시는 것 같은데도 은근 멋있어요.

인간은 자기들이 엄청 대단하다고 착각하고 있어. 다른 생물들은 자연 속에서 그냥 살아가지만, 우리 인간은 땅을 일구어서 더 풍성한 작물을 생산한다고 말이야.

그야 그렇지 않나요?

그런데 생각해 봤니, 왜 우리가 땅을 갈면 땅이 비옥해지는지?

글쎄요, 땅이라는 게… 원래 그런 거 아닌가요?

원래 그런 거라고? 그건 창조론자들이나 하는 말버릇인데, 하하

하. 진화론에는 원래라는 게 없어. 지렁이를 비롯해 크고 작은 벌레들이 쉴 새 없이 갈고 다니니까, 그러니까 지구의 대지가 비옥한 거지.

지렁이들 정말 대단하네요. 얘들 아니면 우리가 농사도 못 짓는 거잖아요? 그럼 밥도 못 먹고, 채소나 과일도 못 먹겠네요.

물론이지. 게다가 이 녀석들 지능이 얼마나 대단한지….

지능요? 지렁이들이 무슨 지능씩이나!

무슨 소리! 지렁이들이 말이다….

엠마와 다윈이 거닐던 강둑

여보! 아직도 이러고 계셨어요?

깜짝이야. 또 당신이오?

아이고, 정말 어지간하구려. 이제 그만 좀 쉬시라니까….

요거만 얘기하고, 지렁이 지능 얘기만 하고 그만하리다.

은수 생각도 좀 해 주서야죠. 다음에 또 만나서 오래오래 얘기하세요.

그래요. 할아버지, 다음에 또 만나요. 지렁이 얘길 다 못 들은 건 아쉽지만요.

쩝, 그렇다면 어쩔 수 없구나.

은수야, 이것 좀 마셔 보렴.

음, 향기가 좋은데요. 무슨 차예요?

홍차란다. 우리 영국 사람들은 티타임을 아주 소중하게 여기지. 할아버지가 얘기에 너무 열중해서 손님 대접을 깜빡하신 거 같구나.

근데요 할머니, 이 푸른 찻잔이 아주 예술이네요.

하하하, 은수가 물건 볼 줄 아는구나. 이거 할머니 집안에서 만든 거거든. 웨지우드 가문의 도기 찻잔이라고 하면 세계적으로 알아주지.

그럴 만하네요. 정말 예뻐요.

당신도 참, 괜한 소리를….

할머니, 전 여기가 처음이지만 참 따뜻한 마을 같아요. 두 분이 함께 사셨던 이곳을 오래도록 기억할게요.

고맙구나.

은수야, 저기 저 강둑 보이지? 나랑 이 사람이 수도 없이 거닐었던 강둑이란다.

아, 평범하지만 왠지 가슴이 뭉클해지네요.

🐛 덤불 속에선 아름다운 새들이 노래하고 땅바닥은 수많은 식물들이 덮고 있단다.

🐛 그 주위엔 온갖 곤충들이 날아다니지. 젖은 흙 속에선 벌레들이 기어 다니고.

🐛 다양한 생물들이 서로 의존하며 살아가는 모습을 우린 함께 보았어. 할아버진 늘 처음 보는 것처럼 감탄을 했지. 평생 소년 같았어. 한번은 이런 말을 하더구나, 동물들이 알을 낳듯이 식물들은 씨앗을 낳는다고.

🐛 난 당신이 말한 게 더 기억에 남던데, 씨앗들이 땅속에서 겨울을 나듯이, 애벌레들도 그렇게 겨울을 견딘다고. 은수야, 이 사람은 버섯에서 홀씨들이 먼지처럼 퍼지면 한없이 신비해했단다. 민들레 꽃씨가 비행하는 것도 좋아했지. 여보, 기억나오? 우리 애들한테 봉선화 깍지 터뜨려 주던 거. 씨앗들이 피융! 하고 튀어 나갈 때 아이들이 깜짝 놀라며 환호하지 않았소?

🐛 우리 인생 최고의 시간이었지요. 은수야, 비록 작은 마을이지만 우리 애들은 여기서 많은 걸 배웠단다. 애들이 좀 크면 풀벌레들이 대부분 초록색이란 사실을 알아챘어. 그럴 때면 어른스러운 표정으로 고개를 끄덕이곤 했어. 들새들이 대부분 갈색 무늬를 가진 것도.

🧒 들새들의 색깔은 왜 그런?

👧 땅이나 나무줄기가 갈색이니까 아무래도 눈에 덜 띄겠지.

🧒 아하!

👧 은수도 방아깨비 잘 알지? 멀리뛰기 선수 말이야.

🧒 그럼요.

👧 걔가 여름에는 초록빛이지만 가을이 깊어 가면 갈색으로 변신한단다. 귀여운 청개구리는 주변 빛깔에 따라 몸 색깔을 바꾸기도 하지. 심지어 어떤 나비의 애벌레는 맛없는 새똥처럼 변해 버리더라고.

🧒 하하하. 먹을 테면 먹어 보라는 거네요.

👧 그래, 우린 아이들과 함께 그런 생물들의 모습을 숱하게 지켜보았어. 생물들은 정말이지 변신의 천재야. 서로서로 모방하고 치열한 경쟁도 벌이지. 그런가 하면 또 조화를 이루는 선수들이기도 해. 그러는 과정에서 무수히 많은 생물들이 진화해 나왔어. 저 강둑의 생물들도, 또 우리들도 모두 그렇게 태어났지.

🧒 엠마 할머니 말씀이 저 풍경만큼이나 감동적이네요.

👧 뭐 감동적일 것까지야. 아무튼 고맙구나. 난 이 세상 모든 것이 특별하고 소중하더구나. 우리 아이들도, 이 사람도, 또 나도 모두 그렇지 않니? 포도나 복숭아도, 물고기와 저 새들도 모두 소

중하고 말이야. 이렇게 만난 우리 은수도 아주 특별하지.

🧒 제가요?

👩 물론이지. 넌 너만의 개성이 있는, 세상에 단 하나밖에 없는 생물이니까.

🧒 나는… 세상에 단 하나뿐인 생물?

👩 그래, 네가 앞으로 뭐를 하든, 어떤 사람이 되든 그 사실은 변치 않아. 자연 만물이 그런 것처럼 너도 특별하고 소중해.

다윈의 마지막 말

👵 그 얘길 들으니 우리 할아버지 생각이 나는구나. 그분은 의사셨는데 시도 쓰고 발명도 하고, 아무튼 하고 싶은 거 다 해 보셨단다. 그분이 돌아가실 때 이러셨다더구나. "이런 삶을 살았으니 죽음도 두렵지 않아."

🧒 그러셨군요. 엠마 할머니, 그럼 다윈 할아버진 돌아가실 땐 뭐라고 하셨나요?

👩 여보, 기억나세요? 당신이 마지막에 한없이 따뜻한 눈길로 내게 이렇게 말했어요. "나는 죽음이 조금도 두렵지 않아요. 당신이

얼마나 훌륭한 아내였는지 기억해요." 난 그 말을 생각하면 아직도 가슴이 잔잔히 일렁여요. 당신을 끝없이 보살피고 아낌없이 사랑했던 게 헛되지 않았어요.

🧑 두 분의 삶 모두 결코 헛되지 않았네요. 할아버지! 다시 태어난다면, 만일 이 세상에 다시 태어나신다면 어떤 삶을 살고 싶으세요?

💀 내 인생에 크게 후회는 없다. 하지만 너무 연구에만 몰두해서 그런지 나중엔 내가 좀 이상해져 버렸어. 연구 말고는 어떤 일을 해도 흥미를 못 느꼈으니. 그건 좀 아쉬워. 만일 내가 다시 태어난다면 감수성이 말라붙지 않도록 시를 매일 한 편씩 읽을 거다.

🧑 그거 좋은 생각이시네요. 저도 할아버지가 다 좋은데, 여유가 없는 삶을 사신 게 좀 안쓰러웠거든요. 그래도 할아버진 다시 태어나신다면 또 박물학자가 되고 싶으시겠지요?

💀 그럴지도 모르지. 그렇지만 누가 알겠니? 내가 다음 생에 어떤 동물로 태어날지? 어쩌면 딸기나 끈끈이주걱으로 태어날지도 모르고.

🧑 할아버지가 끈끈이주걱으로 태어나신다고요? 푸하하하. 아 참, 할머니! 할머니께 꼭 여쭤 보고 싶은 게 있었어요. 할머니는 저 세상에서 할아버지랑 함께 못 계실까 봐 괴로워하셨잖아요? 할

아버지가 지옥에서 영원한 고통을 당하실까 봐….

그랬지, 그 속은 아마 아무도 모를 거야.

그래서 지금 어떠세요?

지금 어떠냐니, 뭐가?

저 세상에서 두 분이 어떻게?

아하! 우리가 어디 있는지 궁금하구나? 진짜 천국이나 지옥이
있는지 궁금한 거지? 호호호! 여보, 이걸 어떻게 얘기해 줘야 할
까요?

음… 글쎄… 은수야! 우리가 함께 있는 곳은 천국도 아니고 지옥
도 아니야.

그럼요?

그건 말이다….

***

"은수야, 은수야!"

"빨리 씻고 와서 밥 먹어. 학교 안 가? 너 오늘 산 타고 등교하는 날이잖아. 일찍 나가야지."

윽! 벌써 7시 25분! 내가 밥을 먹었는지 밥이 날 먹었는지 모르게 정신없이 숟가락을 퍼 날랐다. 가방을 챙기면서, 옷을 입으면서 동시에 신발을 신는 초신공을 구사하며 집에서 튀어 나갔다. 눈썹이 휘날리게 내달린 덕분에 어느덧 구름산 입구. 휴, 늦진 않았구나! 잠시 숨을 고르며 주변을 둘러본다.

간밤에 비가 내렸나 보다. 나팔꽃, 억새, 색색깔의 국화꽃들이 촉촉이 젖어 있다. 땅바닥엔 낙엽과 흩어진 꽃잎들. 귀여운 다람쥐도 몇 마리 보이네. 저 땅속에는 오늘도 많은 벌레들이 부지런히 돌아다니고 있겠지.

모든 태어난 것들은 부지런히 살아가고 언젠가는 사라진다. 그리고 그 자리에 다른 생명들이 또 태어난다. 그렇게 해서 나도 태어났고 이렇게 여러 생물들과 살아가고 있다. 무엇보다도 저 아래 소리치며 뛰어오는 포유류들과 함께.

"은수야! 기다려, 같이 가자!"

은수야, 기다려, 같이 가!

다윈, 뭐가 더 궁금한가요?

다윈은 어렸을 때 어떤 아이였나요?

다윈은 학교 다닐 때 공부에 아무런 흥미를 못 느꼈어요. 반대로 수업 시간 이외에는 펄펄 날아다녔죠. 노는 데 천재였던 거예요. 교장 선생님한테 '게으름뱅이 녀석'이라고 야단을 맞은 적도 있답니다.

좀 더 자란 뒤에는 새나 토끼, 여우 같은 짐승들을 신나게 사냥했어요. 숲 속에서 말을 타며 총으로 짐승들을 쏘아 댔죠. 그럴 때 다윈은 미치도록 행복했어요. 아침에 일어나 곧장 사냥을 나가려고 사냥 부츠를 침대 옆에 놓고 잘 정도였다니까요.

그렇게 공부를 싫어하더니 결국 열여섯 살 때 다니던 학교를 중퇴하게 됩니다. 아버지는 이렇게 분통을 터뜨리셨죠. "사냥하고, 개 쫓아다니고, 쥐 잡는 거 말고는 아무 관심이 없으니, 넌 우리 집안의 수치가 되고 말 거다."

공부를 싫어한 다윈 어린이. 그렇지만 뭔가 모으는 일에는 선수였어요. 조개껍질, 동전, 우표, 광물 등을 닥치는 대로 수집했지요. 마을 주변의 산들을 돌아다니며 새들을 관찰하고 특이한 점들을 기록하기도 했어요. 훗날 위대한 과학자가 될 조짐이었던 걸까요?

어린 시절 다윈의 초상

처음엔 의사가 될 뻔했다면서요?

2

다윈은 할아버지와 아버지가 모두 아주 잘 나가는 의사였어요. 그래서 아버지는 다윈도 에든버러대학 의학부에 진학시킵니다. 의사가 되길 바라셨던 거죠.

하지만 다윈은 모든 수업이 지루해 미칠 지경이었어요. 약물학, 해부학, 임상학, 외과학 등이 모두 싫었어요. 특히나 두 번 목격한 수술 장면은 최악이었습니다. 그 당시에는 마취제가 없었거든요. 그러니 얼마나 끔찍했겠어요? 두 번 중 한 번은 환자가 어린아이였대요. 다윈은 수술이 끝나기도 전에 뛰쳐나와 버렸어요. 그 뒤 인체 해부 실습에는 아예 출석도 안 했지요. 다윈은 결국 에든버러대학도 중퇴합니다.

이제 다윈은 집안의 걱정거리가 되었습니다. 학교만 보내 놓으면 중퇴를 하니까요. 아버지가 보아하니 군인이나 변호사가 될 성격도 아닌 것 같았어요. 그렇다면 남은 길은 시골 목사가 되는 것뿐이었지요. 영국의 시골 목사들은 아름다운 자연 속에서 여유롭게 생활하고 있었거든요. 자연을 사랑하는 다윈에게도 잘 어울렸어요. 이래서 다윈은 케임브리지대학에 입학하게 됩니다.

다윈은 신학을 공부했나요?

책이나 인터넷을 찾아보면 대부분 다윈이 케임브리지대학 신학부를 졸업했다고 되어 있어요. 또는 케임브리지대학에서 신학을 공부했다고도 하지요. 그러나 이건 사실이 아닙니다.

당시 영국에서 성직자가 되려면, 케임브리지대학이나 옥스퍼드대학을 졸업하면 되었어요. 대학에서 무엇을 공부했는지는 아무 상관이 없었답니다. 이해하기 힘들겠지만 아무튼 그랬습니다(자세한 얘기는 너무 복잡해서 생략할게요). 그래서 다윈은 목사가 되기 위해 케임브리지대학의 크라이스트 칼리지에 들어간 겁니다. 대학 이름에 크라이스트(그리스도)가 들어 있지만 신학 대학은 아니에요. 신학을 공부한 것도 물론 아니고요.

다윈은 케임브리지대학에 들어가서도 열심히 놉니다. 아침엔 승마와 산보, 저녁엔 노름, 이렇게 체계적으로 놀았죠. 그리고 틈나는 대로 곤충을 채집했어요. 사냥은 물론 여전히 좋아했고요. 방학 때만이 아니라 학기 중에도 케임브리지 주변의 숲에서 사냥을 했어요. 그런데 용하게도 졸업할 때는 꽤 우수한 성적으로 졸업했습니다. 졸업 시험을 치기 좀 전부터 갑자기 열심히 공부를 했거든요.

케임브리지대학 크라이스트 칼리지의 홀

4

다윈은 대학에서 놀기만 했나요?

뭔가 열심히 공부하긴 했어요. 당시 식물학을 가르치던 헨슬로 교수
와 개인적으로 친해졌거든요. 그는 식물학과 지질학을 연구하는 과
학자였어요. 독창적이진 않았지만, 학생들을 가르치는 데는 뛰어났
지요. 책보다는 직접 식물들을 관찰하도록 야외 실습도 많이 시도했
고요.

　다윈은 그런 헨슬로 교수와 자주 만나고 집에도 뻔질나게 드나듭
니다. 그러면서 식물학과 지질학의 세계에 눈을 뜨게 되었죠. 과학이
멋지고 근사해 보이기 시작했습니다. 그리고 자기도 과학이라는 고
귀한 분야에 조금이라도 기여하고 싶어졌습니다. 다윈의 가슴이 뜨
거워졌습니다.

　열대 지방을 직접 탐사하고 싶어 지질학과 스페인 어도 공부합니
다. 또 지질학 교수 세지윅과 웨일스 지방으로 지질 조사 여행도 갑
니다. 지질학을 현장에서 익히게 된 거예요. 이 보람찬 여행을 마치
고 다윈은 집으로 돌아옵니다. 그런데 편지 한 통이 와 있었어요. 바
로 헨슬로 교수가 보낸 운명의 편지였지요.

다윈이 비글호에서 쓴 일기

5

다윈은 왜, 어떻게 비글호에 타게 된 거죠?

헨슬로 교수의 편지에는, 비글호 선장 피츠로이가 동식물과 지질학에 관심 있는 젊은이를 찾고 있다고 쓰여 있었어요. 그런데 이 말은 약간의 진실을 숨기고 있었습니다. 사실 피츠로이는 오랜 항해 기간 동안 자신과 대화도 나누고 식사도 함께할 사람이 필요했거든요.

당시 영국 해군의 선장은 다른 승무원들과 개인적인 접촉을 할 수 없었습니다. 식사도 혼자 하고, 대화도 업무에 관해서만 나눌 수 있었어요. 당연히 선장들은 고독해서 미칠 지경이었지요. 실제로 비글호의 이전 선장은 정신에 이상이 생겨 마젤란 해협에서 자살을 했습니다. 그래서 피츠로이는 나름 신분도 괜찮고 과학에도 관심이 있는 사람을 찾고 있었던 겁니다.

헨슬로 교수는 이 일에 적격인 사람이 금세 떠올랐습니다. 특별히 직업도 없고, 돈과 시간은 많고, 자연에 대한 관심은 둘째가라면 서러워할 사람, 바로 다윈이었습니다.

6

비글호를 타는 계획에 가족들은 찬성했나요?

그럴 리가요. 아버지는 여러 가지 이유를 들면서 반대했어요. 그런 일을 하면 뒷날 성직자가 될 때 불리한 평가를 받게 될 거다, 특별한 능력도 없는 너한테 왜 그런 제안을 했겠느냐, 다른 사람을 구하려다 실패해서 결국 너한테까지 온 게 틀림없다, 기간도 너무 길고 위험하다, 거칠고 불결한 환경에다 잠자리도 무척 불편할 것이다, 어쨌든 야만적이고 쓸모없는 계획이다 등등. 그러면서 이렇게 덧붙였어요. "건전한 상식을 가진 사람이 한 명이라도 이 항해에 찬성한다면 나도 찬성하겠다!"

다윈은 상심에 차서 외갓집으로 향합니다. 그런데 외갓집의 분위기는 전혀 딴판이었어요. 하나같이 항해에 찬성했던 겁니다. 특히 외삼촌은 다윈의 아버지한테 직접 편지를 써서 강력하게 설득했습니다. 박물학을 연구하는 것은 성직자에게 아주 잘 어울리는 일이다, 다윈은 호기심이 많은 청년이며 이런 좋은 기회를 놓쳐서는 절대 안된다 등등. 이 편지를 받고 다윈의 아버지는 마음을 바꿉니다. 그리고 이렇게 말했어요. "좋다. 힘닿는 대로 모든 도움을 주겠다." 다윈의 역사적인 비글호 항해는 이렇게 시작되었습니다.

다윈은 비글호의 박물학자였나요?

책이나 인터넷을 찾아보면 다윈이 비글호에 박물학자로서 승선했다
고 되어 있어요. 그렇지만 이건 사실이 아닙니다.

비글호의 공식적인 박물학자는 따로 있었어요. 바로 매코믹이라는
군의관이었죠. 당시에는 군의관이 대개 박물학자를 겸하고 있었거든
요. 그런데 항해하는 동안 다윈은 뛰어난 박물학자의 능력을 보여 줍
니다. 관찰하고 기록하는 열정도 대단했고요. 그래서 비글호 선장을
비롯해 많은 사람들이 다윈을 비글호의 진짜 박물학자로 여기기 시
작했습니다. 신분도 다윈이 매코믹보다 높았기 때문에 더 그랬지요.
그래서 공식 박물학자인 매코믹보다는 다윈에게 더 많은 지원이 베
풀어집니다.

부당한 대우에 화가 난 매코믹은 중간에 배에서 내려 버립니다. 그
때부터는 실질적으로 다윈이 비글호의 박물학자가 됩니다. 물론 돈
을 받고 고용된 박물학자는 여전히 아니었지요.

비글호는 어떤 배였나요?

비글호는 영국 해군의 측량선이고 길이는 27미터였습니다. 그다지 크지 않은 날렵한 배였지만 대포가 9대나 장착되어 있어 여차하면 전투도 벌일 수 있는 군함이었습니다. 비글호의 임무는 첫째, 남아메리카와 태평양의 섬들을 측량하고 해도를 작성하는 것, 둘째, 정밀하게 경도를 측정하는 것이었습니다. 비글호는 왜 이런 임무를 띠었던 걸까요?

영국은 당시 최강의 제국주의 국가였습니다. 세계의 많은 나라를 식민지로 만들어 광물과 농산물 등을 빼돌리고 있었지요. 영국은 이를 위해서 전 세계를 샅샅이 조사해 각종 지도를 작성할 필요가 있었어요. 영국의 무역선들이 안전하게 항해하는 데에도 도움을 주어야 했고요. 그래서 비글호에는 해군(65명) 이외에도 화가, 경도 측정 기사, 다윈 등 민간인 7~9명이 함께 타고 있었던 겁니다.

비글호를 그린 그림

다윈의 부인은 어떤 사람이었나요?

젊은 시절 엠마의 초상

다윈은 외갓집의 소꿉친구였던 사촌 엠마와 결혼합니다. 엠마는 다윈에게 선물 같은 존재였어요. 사랑스러운 부인이자 헌신적인 간호사, 자녀들의 훌륭한 엄마로 평생을 산 사람이랍니다. 어렸을 땐 부유한 가정에서 편하게 자랐습니다. 성격도 털털한 편이었어요. 별명이 '왈가닥 아가씨'였다니까요. 다윈은 나중에 이렇게 말했답니다. "엠마와 결혼할 때, 집 안의 정리정돈은 포기했었다."

엠마는 교육을 대부분 가정에서 받았어요. 프랑스 어, 이탈리아어, 독일어를 배웠는데, 특히 독일어는 잘했습니다. 활쏘기, 댄스, 스케이트 등 운동에도 능했어요. 연극 관람을 무척 좋아했고요, 피아노는 평생 즐겨 연주했답니다.

엠마는 10명의 자녀를 낳았습니다. 집 안이 조용할 날이 없었죠. 아이들 키우랴, 하인들 통솔하랴 바쁜 와중에 아픈 다윈을 간호해야 했어요. 쉴 틈이 없는 인생이었지요. 다윈이 쓴 글도 수시로 고쳐 주었어요. 외국어를 잘해서 외국 신문이나 잡지에 중요한 내용이 실리면 다윈에게 알려 주기도 했지요.

다윈 연보

1809	영국 슈루스베리에서 출생
1817(8세)	어머니 사망
1818(9세)	슈루스베리학교 입학
1825(16세)	슈루스베리학교 자퇴, 에든버러대학 의학부에 입학
1828(19세)	에든버러대학 자퇴, 케임브리지대학 크라이스트 칼리지에 입학
1831(22세)	케임브리지대학 졸업, 12월 27일 영국의 군함 비글호에 승선
1836(27세)	영국으로 귀국, 비글호 항해 시 수집한 자료들을 정리하기 시작
1838(29세)	엠마와 약혼
1839(30세)	왕립 학회 회원으로 선출됨, 엠마와 결혼, 『비글호 항해기』 출간
1842(33세)	『산호초의 구조와 분포』 출간
1844(35세)	『화산섬 지질 연구』 출간
1846(37세)	『남아메리카 지질 연구』 출간
1848(39세)	아버지 사망
1851(42세)	『만각류 연구』 1권 출간, 『화석 만각류』 1권 출간
1854(45세)	『만각류 연구』 2권 출간, 『화석 만각류』 2권 출간
1856(47세)	종 이론을 다룬 대작을 쓰기 시작
1858(49세)	월리스가 자연 선택 진화론에 대해 쓴 논문을 받음
1859(50세)	『종의 기원』 출간, 이후에도 수정과 증보를 계속하며 1872년에 6판까지 출간
1862(53세)	『곤충에 의해 수정되는 난초들의 여러 가지 장치에 관하여』 출간
1868(59세)	『가축과 작물의 변이』 출간
1871(62세)	『인간의 유래와 성 선택』 출간
1872(63세)	『인간과 동물의 감정 표현』 출간
1875(66세)	『식충 식물』 출간, 『덩굴 식물의 운동과 습성』 출간
1876(67세)	『타가 수정과 자가 수정의 효과』 출간, 『자서전』 출간
1877(68세)	『같은 종류의 식물에서 피어나는 다른 형태의 꽃들』 출간
1880(71세)	『식물의 운동 능력』 출간
1881(72세)	『지렁이의 활동에 의한 비옥토의 형성』 출간
1882(73세)	4월 19일, 일생을 마치다. 4월 26일 웨스트민스터 사원에 안장